Introduction to
Logic, Set, and Topological Spaces

論理・集合と位相空間入門

栗山 憲 著

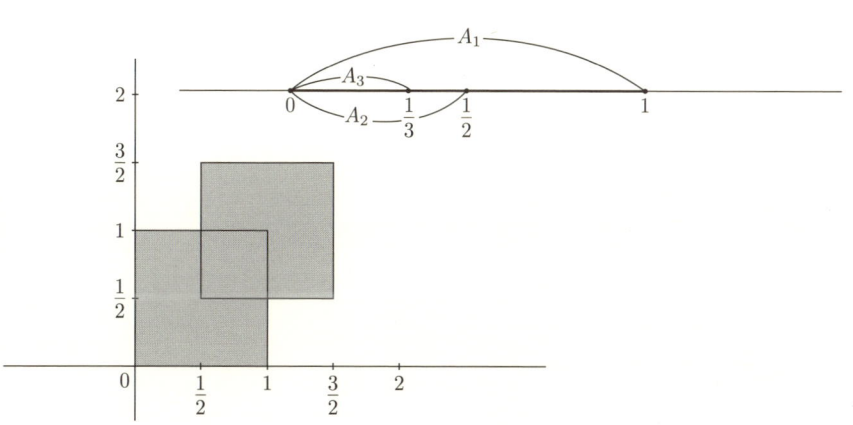

共立出版

まえがき

　本書は論理・集合と位相空間の入門書です．前半の 4 章までは論理・集合を，後半の 5 章以降は位相空間を扱っています．集合と位相空間論は，解析学・幾何学・代数学など現代の数学のすべての分野の基礎となるもので，数学の専門家を目指す学生だけではなく，中学・高校の数学の教師を目指す学生や，素粒子論の理論物理学や制御理論などの理論工学を目指す学生にとっても必要なものです．本書は教育学部や数学科以外の理工学部の学生が独習で，他の本を参考にしなくてもマスターできるように心がけました（もちろん数学科の学生さんにも読んでもらいたいと思っております）．また高校数学の数Ⅰ，数 A のみしか履修していな人でも理解できるようにしました．

　数学では厳密な論証をもとにして理論体系を作り上げますので，数学で用いられる論理を使いこなすことがまず大事なことです．高校までの数学においても計算や証明を通して，「かつ」，「または」，「何々でない」，「ならば」などを学び，三段論法・数学的帰納法などを身につけることになっております．

　19 世紀以降，微積分学を厳密に取り扱う中で，上記の論理的な言葉以外に「任意の，すべての」や「ある何々が存在して～となる」などがでてきます．微積分学・解析学で「ε-N 論法」で数列の収束を議論したり，「ε-δ 論法」で関数の連続性を議論したりすることは，すでに経験ずみかもしれません．その際，どことなく腑に落ちない気がされた読者もおられることでしょう．

　本書では最初に「かつ，または，でない，ならば」を扱う命題論理を，少し形式的に真理値表（真偽表）を用いて議論しています．さらに「任意の，ある～」を扱う述語論理を紹介しています．

　集合論は 19 世紀末にカントールがほぼ独力で作り上げたものです．20 世

紀になってさまざまな逆理（パラドックス）が表面化し，それを克服する努力の中から公理的集合論という分野が生まれましたが，本書ではカントールの素朴集合論を扱っています．

　集合の演算（和集合，共通部分，補集合）と分配則やド・モルガンの公式などの性質を述べています．また集合の間の写像については，写像の合成，像と逆像の性質，全射・単射・全単射の定義と性質などについて紹介しておりますが，これらのことを普通の数の計算と同じように習熟することが，すべての数学を身につける上で大事なことです．

　単射や全単射をもとにして，有限集合の場合の個数の概念を拡張して，集合の濃度について学びます．そこでは自然数全体と同じ濃度をもつ可算集合の概念を良く理解すること，それに対して実数全体は可算より大きな濃度をもつことなどをカントールの対角線論法などを使って証明します．対角線論法は初めて接するときは，その議論の仕方の面白さに心奪われるのではないでしょうか．

　位相空間については，導入の仕方としては2通りあります．一つは天下り的に開集合の公理から始める導入法で，この仕方は議論としては非常にすっきりしているのですが初めて位相空間を学ぶ人にはイメージがつかみにくい欠点があります．著者の接した学生さんもこのやり方では「何をやっているのかわからない」という声が多くありました．

　本書では，もう一方の導入法である距離空間から位相空間へというやり方をとりました．実際には，実数の空間（1次元ユークリッド空間）からはじめて n 次元のユークリッド空間，距離空間そして一般の位相空間というやり方で議論しています．読んでいただくとわかりますが，同じような議論が繰り返し現れております．著者としてはあえて冗長性を恐れず記述しました．その点，少ししくどくなっているかと思います．

　実数については，最初に順序体としての実数を議論しており，小中学校で学んだ実数の性質について公理的な立場から統一的に振り返りました．微積分学でもでている実数の完備性，実数の連続性の同値な条件，区間縮小法，中間値の定理，有界閉区間上の連続関数が最大値・最小値をもつことなどに触れております．

距離空間では近傍，集合の閉包や内部，閉集合，開集合の性質を紹介しています．また，位相空間では，距離空間をモデルに近傍の公理により導入するとともに，開集合の公理と結局は同じことであることを説明しました．

最後にコンパクト空間では，コンパクト性の定義を与えその性質を示すとともに，距離空間においてはコンパクト性と点列コンパクト性が同値になることを説明し，最後にユークリッド空間におけるコンパクト集合の特徴づけを与えました．

位相空間論で，本書では触れていないものとして連結性，局所コンパクト空間，分離公理，一様空間など重要なことがたくさん残っておりますが，それらについては参考図書に紹介している本を読まれることをおすすめします．

距離空間論，位相空間論は数学にとって必要不可欠であるにとどまらず，最近の応用でも重要な役割を果たしております．物理学などで現れる自己相似性をもつ複雑な図形としてのフラクタルが，完備距離空間の不動点定理から導かれることなどの例が挙げられます．それはフラクタルを使った画像圧縮の理論への応用もあります．読者の方が数学のみならず，物理・工学などへの応用に生かされることを期待します．

最後に，本書の執筆にあたっては関係資料の入手をはじめ，佛教大学の特別研究による支援をいただいております．感謝申し上げます．

目　　次

1　論理　　1
1.1　命題論理 . . . . 　*1*
1.2　述語論理 . . . . 　*9*
練習問題 . . . . 　*15*

2　集合　　17
2.1　集合の基本 . . . . 　*17*
2.2　集合族 . . . . 　*21*
2.3　直積 . . . . 　*25*
2.4　商集合 . . . . 　*30*
練習問題 . . . . 　*32*

3　写像　　35
3.1　写像の基本 . . . . 　*35*
3.2　写像の合成 . . . . 　*40*
練習問題 . . . . 　*44*

4　濃度　　47
4.1　濃度の基本 . . . . 　*47*

4.2 濃度の大小 ... 52
練習問題 ... 63

5　1次元ユークリッド空間 R　65
5.1　実数 ... 65
5.2　1次元ユークリッド空間 R ... 79
5.3　R 上の連続関数 ... 93
練習問題 ... 100

6　距離空間　103
6.1　R^k 上の距離 ... 103
6.2　距離空間 ... 110
6.3　距離空間から距離空間への連続写像 ... 131
練習問題 ... 137

7　位相空間　139
7.1　近傍の公理 ... 139
7.2　開集合の公理 ... 149
7.3　位相空間から位相空間への連続写像 ... 157
練習問題 ... 160

8　コンパクト空間　161
8.1　コンパクト集合 ... 161
8.2　連続写像 ... 169
練習問題 ... 172

参考書　173

練習問題のヒントと解答 *175*

索　引 *187*

第1章

論理

　数学では論理・論証により命題・定理を証明し一つの建築物をつくりあげ，その結果できあがった建築物が数学の理論となる．したがって，数学に使われている論理を明確にすることは非常に重要である．数学で使用されている論理は命題論理とその拡張である1階の古典述語論理である．最初に命題論理を説明し，述語論理については簡単に紹介するにとどめる．

　また本書では論理の「意味」について述べ，論理・論証の「シンタックス的」なことについては触れない．命題論理の意味については真偽表を用いた形式的な議論を行うが，述語論理の意味についてはその形式的な議論は行わずに内容的な意味にのみもとづいた議論を行う．

1.1　命題論理

　「3は素数である」，「5は偶数である」のように真偽が定まる文を**命題**とよぶ．命題が論理的に正しいとき真 (True) であると言い，正しくないとき偽 (False) と言う．「3は素数である」という命題は真であり「5は偶数である」という命題は偽である．

　数学ではこのような命題をいくつか組み合わせることによりさらに複雑な命題が作られている．組み合わせるのに用いられる言葉は，「かつ」，「または」，「でない」，「ならば」などで，これらの言葉は**論理語**とよばれる．これ

らの論理語は日常で使用している場合とほぼ同じような意味で数学でも使われる．ただし，数学における正確な意味は，組み合わされた命題がどのような場合に真となり，どのような場合には偽となるかと指定することにより定まる．

たとえば，「3 は素数である」という命題と「5 は偶数である」という命題を論理語「かつ」でつなげると，「3 は素数であり，かつ，5 は偶数である」という命題ができる．この新たな命題「3 は素数であり，かつ，5 は偶数である」は偽である．同じようにして命題「3 は素数であるか，または，5 は偶数である」ができるがこの命題は真である．これらのことを表として表示したものが**真偽表（真理表，真理値表）**である．

出発点となる最初の個々の命題を表わす記号として，$p, q, r, \ldots$ を使用し**命題変数**という．真を T で表わし，偽を F で表わす．論理語「かつ (and)」を $\wedge$ で表わし，「または (or)」を $\vee$ で，「～でない (not)」を $\neg$ または $\overline{p}$ で，「～ならば (imply)」を $\to$ で表わす．

$p \to (p \vee q)$ のように命題変数と論理語を組み合わせたものを一般の命題と考え，$A, B, C, \ldots$ で表わす．このようにして得られる命題を**論理式**といい，厳密な定義は以下のとおりである．

定義 1.1.1.
(1) 命題変数 $p, q, r, \ldots$ は論理式である．
(2) A が論理式ならば $(\neg A)$ は論理式である．
  A, B が論理式ならば $(A \wedge B)$，$(A \vee B)$，$(A \to B)$ は論理式である．
(3) 上の (1),(2) で得られるもののみが論理式である．

このような定義の仕方を帰納的（再帰的）な定義という．この定義は難しそうに感じるかも知れないが，命題変数と論理語の常識的な組み合わせを数学的にきちんと定義しただけのことである．なお，括弧 (,) は論理語とのつながりを明確にするために使用しているので，混同することがない場合には省略することが多い．その際，論理語のうち $\neg$ が最も強いものとする．

たとえば $\neg A \wedge B$ は $((\neg A) \wedge B)$ を意味する．

例 1.1.1. (1) $\neg p \vee q$ は $((\neg p) \vee q)$ のことであり，論理式である．

(2) $\neg(p \vee q)$ は論理式である.

(3) $p \wedge q$ は論理式である.

(4) $p \to (q \to r)$ は論理式である.

(5) $\to (\to p)$ は論理式ではない.

今後,論理式のことを単に命題ということにする.

A, B を命題とするとき,A, B が真であるか偽であるかによって,命題 $A \wedge B$ の真偽がどうなるかを**真偽表(真理表,真理値表)**とよばれる以下の表で表わし,論理語 $\wedge$ の意味を定める.

A	B	$A \wedge B$
T	T	T
T	F	F
F	T	F
F	F	F

同様に,命題 $A \vee B$ の真偽表.

A	B	$A \vee B$
T	T	T
T	F	T
F	T	T
F	F	F

同様に,命題 $A \to B$ の真偽表.

A	B	$A \to B$
T	T	T
T	F	F
F	T	T
F	F	T

命題 $\neg A$ の真偽表．

A	$\neg A$
T	F
F	T

日常語で整理すると以下のようになる．「A かつ B」は命題 A も B もともに真のときに真であり，「A または B」は命題 A, B のいずれかが真のとき真である．「A でない」は命題 A が真のとき偽で，A が偽のとき真である．「A ならば B」は命題 A が真の場合は，命題 B が真のときは真となり，偽のときは偽となる．さらに A が偽の場合は B の真偽にかかわらず真となる．

最後の「A ならば B」の真偽において，A が偽であれば常に真であるというのは，日本語の普通の使い方とは少し違い，そのため違和感を感じる人がいるかもしれない．しかし哲学者の野矢茂樹氏の著書『論理学』で述べられている次のたとえ話を考えれば納得がいくであろう．

ある父親が「明日晴れたら動物園に連れて行ってやる」と子供に約束した．さて以下の場合に父親は誠実であろうか．

(1) 翌日晴れた．動物園に連れて行った．この場合は正直な父親である．

(2) 翌日晴れた．動物園に連れて行かなかった．この場合は，嘘つきの父親である．

(3) 翌日はどしゃ降りだった．動物園に連れて行かなかった．別に父親は嘘つきではない．

(4) 翌日はどしゃ降りだった．動物園に連れて行った．変な父さんではあるが嘘つきではない．

問 1.1.1. 次の各命題の真偽表を求めよ．

(1) $p \wedge (q \vee r)$

(2) $(\neg p) \vee q$

命題変数にどのように T, F を割り当ててもその命題がつねに T となるとき，その命題を**トートロジー（恒真）**という．すなわち，命題を構成する命題変数そのものの真偽にかかわりなく，つねに真となる命題のことをトートロジーという．たとえば，$p \vee \neg p$ は命題変数 p の真偽にかかわらず $p \vee \neg p$

はつねに真となるから，トートロジーである．

例 1.1.2. 次の各命題がトートロジであるかどうかを述べよ．
(1) $(p \wedge (p \to q)) \to q$
(2) $(\neg q \to \neg p) \to (p \to q)$

(解) (1)

p	q	$p \to q$	$p \wedge (p \to q)$	$(p \wedge (p \to q)) \to q$
T	T	T	T	T
T	F	F	F	T
F	T	T	F	T
F	F	T	F	T

となるから，命題変数 p,q にどのように T,F を割り当てても，$(p \wedge (p \to q)) \to q$ は常に T となり，トートロジーである．

(2)

p	q	$\neg q$	$\neg p$	$\neg q \to \neg p$	$p \to q$	$(\neg q \to \neg p) \to (p \to q)$
T	T	F	F	T	T	T
T	F	T	F	F	F	T
F	T	F	T	T	T	T
F	F	T	T	T	T	T

となり，トートロジーである．

定義 1.1.2. 命題 A, B に対して $(A \to B) \wedge (B \to A)$ がトートロジーとなるとき，$A \equiv B$ と書く．

例 1.1.3. $A \equiv \neg\neg A$ であることを示せ．

(解)

A	$\neg A$	$\neg\neg A$	$A \to \neg\neg A$	$\neg\neg A \to A$	$(A \to \neg\neg A) \wedge (\neg\neg A \to A)$
T	F	T	T	T	T
F	T	F	T	T	T

となり，$(A \to \neg\neg A) \wedge (\neg\neg A \to A)$ はトートロジーだから $A \equiv \neg\neg A$ である．

今後，命題・定理・証明の中で「$P \Longrightarrow Q$」は「P ならば Q」を意味し，「$P \Longleftrightarrow Q$」は「P ならば Q であり，かつ Q ならば P である」すなわち P と Q が同値であるを意味するのに使う．

命題 1.1.1. 命題 A, B とする．$A \equiv B \Longleftrightarrow A$ と B との真理表が同じ

証明．（$\Longrightarrow$）の証明．$A \equiv B$，すなわち $(A \to B) \wedge (B \to A)$ がトートロジーとする．A の真偽表の値が T ならば，$(A \to B) \wedge (B \to A)$ の値が T であることより B の値 T がでる．また，A の真偽表の値が F ならば，$B \to A$ の値が T であるために，B の値 F がでる．

（$\Longleftarrow$）の証明．A の値と B の値とがつねに等しいとする．A と B の値とが T とすると，$(A \to B) \wedge (B \to A)$ の値は T である．また，A と B の値とが F とすると，$A \to B$ の値も $B \to A$ の値もともに T となるから，$(A \to B) \wedge (B \to A)$ の値は T である． □

例 1.1.4. 次のことを示せ．
 (1) $A \wedge B \equiv B \wedge A$
 (2) $A \wedge (B \vee C) \equiv (A \wedge B) \vee (A \wedge C)$

(解) 命題 1.1.1 を利用する．(1) の証明．

A	B	$A \wedge B$	$B \wedge A$
T	T	T	T
T	F	F	F
F	T	F	F
F	F	F	F

$A \wedge B$ と $B \wedge A$ の真理表の値（第 3 列と第 4 列）とが完全に一致しているから，$A \wedge B \equiv B \wedge A$ である．

(2) の証明.

A	B	C	$B \vee C$	$A \wedge (B \vee C)$	$A \wedge B$	$A \wedge C$	$(A \wedge B) \vee (A \wedge C)$
T	T	T	T	T	T	T	T
T	T	F	T	T	T	F	T
T	F	T	T	T	F	T	T
T	F	F	F	F	F	F	F
F	T	T	T	F	F	F	F
F	T	F	T	F	F	F	F
F	F	T	T	F	F	F	F
F	F	F	F	F	F	F	F

$A \wedge (B \vee C)$ と $(A \wedge B) \vee (A \wedge C)$ の真理表の値（第5列と第8列）とが完全に一致しているので，命題1.1.1より，$A \wedge (B \vee C) \equiv (A \wedge B) \vee (A \wedge C)$ である．解終わり．

(2) を日常の問題で説明してみる．A を「男性である」とし，B を「京都出身である」，C を「九州出身である」とする．$A \wedge (B \vee C)$ は「その人は男性であり，京都出身かまたは九州出身である」となり，それは「男性で京都出身か，または男性で九州出身である」と同じことである．そのことを式で表わすと $A \wedge (B \vee C) \equiv (A \wedge B) \vee (A \wedge C)$ となる．

定理 1.1.1. A, B, C を命題とする．次のことが成り立つ．

(1) $A \wedge (A \vee B) \equiv A, \quad A \vee (A \wedge B) \equiv A$

(2) $A \wedge B \equiv B \wedge A, \quad A \vee B \equiv B \vee A$

(3) $(A \wedge B) \wedge C \equiv A \wedge (B \wedge C), \quad (A \vee B) \vee C \equiv A \vee (B \vee C)$

(4) $A \wedge (B \vee C) \equiv (A \wedge B) \vee (A \wedge C), \quad A \vee (B \wedge C) \equiv (A \vee B) \wedge (A \vee C)$

(5) $A \equiv \neg \neg A$

(6) $\neg (A \wedge B) \equiv \neg A \vee \neg B, \quad \neg (A \vee B) \equiv \neg A \wedge \neg B$

なお，(4) は分配則といい，(5) はド・モルガンの公式という．

証明． 真偽表を作れば容易に示せるので省略する． □

定理 1.1.2. $A, B, C, A_1, A_2, B_1, B_2$ を命題とする．次のことが成り立つ．

(1) $A \equiv B$ で $B \equiv C$ ならば $A \equiv C$ である．

(2) $A_1 \equiv B_1$ で $A_2 \equiv B_2$ とする．このとき

  (i) $A_1 \wedge A_2 \equiv B_1 \wedge B_2$

  (ii) $A_1 \vee A_2 \equiv B_1 \vee B_2$

  (iii) $A_1 \to A_2 \equiv B_1 \to B_2$

(3) $A \equiv B$ ならば $\neg A \equiv \neg B$ である．

証明．(1) の証明．A, C に含まれる命題変数に，どのように T, F を割り当てても A の値と C の値が一致することを示せば良い．

命題変数へのある割り当てで A が T になったとする．$A \equiv B$ だから B も T になる．すると $B \equiv C$ より C も T となる．したがって，A が T ならば C も T となることを示した．同様に考えて，A が F ならば C も F となることが示せる．ゆえに，A のとる値と C のとる値とは一致する．すなわち $A \equiv C$ である．

(2) の (i) の証明．命題変数へのある割り当てで $A_1 \wedge A_2$ が T になったとする．$\wedge$ に関する真偽表より，A_1 も A_2 も T である．すると $A_1 \equiv B_1$ より B_1 も T である．同様に $A_2 \equiv B_2$ より B_2 も T である．したがって，$B_1 \wedge B_2$ も T となる．

同様に考えて，$A_1 \wedge A_2$ が F のとき，$B_1 \wedge B_2$ も F となる．

ゆえに，$A_1 \wedge A_2$ のとる値と $B_1 \wedge B_2$ のとる値とは一致し，$A_1 \wedge A_2 \equiv B_1 \wedge B_2$ を得る．

他のものもほぼ同様にして示せる． □

問 1.1.2. 次のことを証明せよ．

(1) $A \to B \equiv \neg A \vee B$

(2) $A \to B \equiv \neg B \to \neg A$

1.2 述語論理

命題論理では,「3は素数である」や「4は素数である」や,「3は素数であるか,または4は素数である」などのようにそれ自体で真偽が定まるものを扱っていた.それに対して「3は素数である」,「4は素数である」,「5は素数である」の「素数である」という**述語**に注目し,「3」「4」「5」などは変数xであらわし「xは素数である」などの命題を取り扱うものを**述語論理**という.

さらに「素数である」をAで表わすと,「xは素数である」は$A(x)$と表現でき,「xはAである」という.xを定めると$A(x)$の真偽が定まる.述語Aのことを**命題関数**ともいう.

例 1.2.1. 述語「素数である」をAで表わすとき,次の各命題の真偽を述べよ.

(1) $A(7)$

(2) $A(93)$

(解) (1) 7は素数であるから$A(7)$は真である.

(2) $93 = 3 \times 31$となり3を約数にもつから, 93は素数ではない.したがって$A(93)$は偽である.

述語論理においても,複数の述語を組み合わせて新たな命題をつくることができる.組み合わせる際の論理語としては$\wedge, \vee, \neg, \rightarrow$は命題論理の場合と同様である.さらに「すべての (all), 任意の (any)」を意味する$\forall$と,「ある (some) 〜が存在して (exist)」を意味する$\exists$が加わる.

$\forall x A(x)$は,「すべてのxに対してxはAである」を意味する.$\exists x A(x)$は「あるxに対してAである(Aとなるxが存在する)」を意味する.$\forall x, \exists x$については,xの動く範囲を指定する.

例 1.2.2. $A(x)$を,xは「素数である」を意味する述語とし,xの動く範囲は自然数全体とする.次の命題の意味と真偽を述べよ.

(1) $\forall x A(x)$

(2) $\exists x A(x)$

(解) (1)「すべての自然数xに対してxは素数である(すべての自然数は素数である)」を意味する.4のように素数でない自然数があるから,偽である.

(2)「ある自然数 x が存在して x は素数である（素数である自然数が存在する）」を意味する．3 のように素数が存在するから真である．

変数 x の動く範囲がはっきりしているときは，上の例のように動く範囲を明示しないこともある．今後，明示するときは，変数 x の動く範囲を明示するために，自然数全体からなる集合を N, 実数全体からなる集合を R と書き，x が N の要素（x が自然数）であることを $x \in N$ と書くことにする．

$A(x)$ を,「 x は素数である」を意味する述語とするとき,「すべての自然数 x に対して x は素数である」を意味する命題を $\forall x(x \in N \to A(x))$ と書く．

例 1.2.3. A を「素数である」を意味する述語とし，B を「奇数である」を意味する述語とする．次の命題の意味と真偽を述べよ．
(1) $\forall x \, (x \in N \to B(x^2 + x + 1))$
(2) $\forall x \, ((x \in N) \land (x > 1) \to \neg A(x^2 + x))$

(解) (1) 「すべての自然数 x に対して $x^2 + x + 1$ は奇数である」を意味する．$x^2 + x + 1 = x(x+1) + 1$ であり $x(x+1)$ は 偶数であることより $x(x+1) + 1$ は奇数となる．したがって, 真である．
(2) 「1 より大きなすべての自然数 x に対して $x^2 + x$ は素数でない」を意味する．$x^2 + x = x(x+1)$ より $x^2 + x$ は 2 を約数にもち，しかも $x > 1$ より $x^2 + x \neq 2$ となるから $x^2 + x$ は素数でない．したがって，真である．

命題 1.2.1. 次の各命題は真である．
(1) $\forall x A(x) \lor \forall x B(x) \to \forall x \, (A(x) \lor B(x))$
(2) $\exists x \, (A(x) \land B(x)) \to \exists x A(x) \land \exists x B(x)$

証明． (1) の証明．
$\forall x A(x) \lor \forall x B(x)$ が真とすると，$\forall x A(x)$ が真かまたは $\forall x B(x)$ が真である．いま $\forall x A(x)$ が真，すなわちすべての x に対して $A(x)$ が真，とする．するとすべての x に対して $A(x)$ または $B(x)$ が真となる．すなわち $\forall x \, (A(x) \lor B(x))$ が真である．同様に，$\forall x B(x)$ が真のとき,$\forall x \, (A(x) \lor B(x))$ が真となる．したがって，$\forall x A(x) \lor \forall x B(x)$ が真ならば $\forall x \, (A(x) \lor B(x))$ が真である．

ゆえに，$\forall x A(x) \lor \forall x B(x) \to \forall x (A(x) \lor B(x))$ は真である.

(2) の証明. $\exists x (A(x) \land B(x))$ が真とする. すなわち, ある x が存在して, その x に対して $A(x) \land B(x)$ が真である. したがって, その x に対して $A(x)$ が真でかつ $B(x)$ が真である. すなわち, $\exists x A(x) \land \exists x B(x)$ が真である. ゆえに, $\exists x (A(x) \land B(x)) \to \exists x A(x) \land \exists x B(x)$ が真である. □

(注) 上の各命題の「逆」である次の各命題は真ではない.

(1) $\forall x (A(x) \lor B(x)) \to \forall x A(x) \lor \forall x B(x)$ は偽である.

(2) $\exists x A(x) \land \exists x B(x) \to \exists x (A(x) \land B(x))$ は偽である.

(反例) (1) x の動く範囲を自然数全体とし, 述語 A を「偶数である」とし B を「奇数である」とする. $\forall x (A(x) \lor B(x))$ は, すべての自然数は偶数か奇数であることより真である. 一方, $\forall x A(x) \lor \forall x B(x)$ は, すべての自然数は偶数であるか, すべての自然数は奇数であるかを意味するから偽である. したがって, $\forall x (A(x) \lor B(x)) \to \forall x A(x) \lor \forall x B(x)$ は偽である.

(2) x の動く範囲, 述語 A, B を (1) の通りとする. 偶数は存在し, かつ奇数は存在するから $\exists x A(x) \land \exists x B(x)$ は真である. 一方, 偶数でありかつ奇数であるような自然数は存在しないから $\exists x (A(x) \land B(x))$ は偽である. したがって, $\exists x A(x) \land \exists x B(x) \to \exists x (A(x) \land B(x))$ は偽である.

定理 1.2.1. A, B, C を述語とする. 次のことが成り立つ.

(1) $\forall x (A(x) \land B(x)) \equiv \forall x A(x) \land \forall x B(x)$

(2) $\exists x (A(x) \lor B(x)) \equiv \exists x A(x) \lor \exists x B(x)$

(3) $\neg \forall x A(x) \equiv \exists x \neg A(x)$

(4) $\neg \exists x A(x) \equiv \forall x \neg A(x)$

(3),(4) はド・モルガンの公式である.

証明． (1) の証明．

$\forall x\,(A(x) \wedge B(x))$ が真

$\iff$ すべての x に対して，$A(x) \wedge B(x)$ が真

$\iff$ すべての x に対して，$A(x)$ が真でかつ $B(x)$ が真

$\iff$ すべての x に対して $A(x)$ が真かつすべての x に対して $B(x)$ が真

$\iff \forall x A(x) \wedge \forall x B(x)$ が真

$\forall x\,(A(x) \wedge B(x))$ が真であることと $\forall x A(x) \wedge \forall x B(x)$ が真であることが一致する．したがって $\forall x\,(A(x) \wedge B(x))$ が偽であることと $\forall x A(x) \wedge \forall x B(x)$ が偽であることも一致する．ゆえに $\forall x\,(A(x) \wedge B(x)) \equiv \forall x A(x) \wedge \forall x B(x)$

(3) の証明．

$\neg \forall x A(x)$ が真

$\iff$ "¬(すべての x に対して $A(x)$)" が真

$\iff$ "すべての x に対して $A(x)$ " が偽

$\iff$ "すべての x に対して $A(x)$ が真" というわけではない

$\iff$ ある x が存在して，その x に対して $A(x)$ が偽

$\iff$ ある x が存在して，その x に対して $\neg A(x)$ が真

$\iff \exists x \neg A(x)$ が真

□

　数学をマスターするには，否定の命題を正しく書き下すことができることが重要である．ド・モルガンの公式 (3) および (4) は，否定の命題がどのようになるかを述べたものである．

　日常生活の例で述べると

「すべての県知事は男性である」の否定は「県知事の中には男性でない人がいる（女性の県知事がいる）」となる．

　また「県知事の中には 40 才未満の人がいる」の否定は「すべての県知事は 40 才以上である」となる．

(**注**) x の動く範囲が n 個の要素からなる有限集合である場合は，$\forall x A(x)$ は実質的には $A_1 \wedge A_2 \wedge \cdots \wedge A_n$ を意味する．また $\exists x A(x)$ は $A_1 \vee A_2 \vee \cdots \vee A_n$ を意味する．したがって，x の動く範囲が n 個の要素からなる場合に定理 1.2.1 を書きなおすと次のようになる．これは前節の定理 1.1.1 の (3), (6) である．

(1) $(A_1 \wedge B_1) \wedge (A_2 \wedge B_2) \wedge \cdots \wedge (A_n \wedge B_n) \equiv (A_1 \wedge A_2 \wedge \cdots \wedge A_n) \wedge (B_1 \wedge B_2 \wedge \cdots \wedge B_n)$

(2) $(A_1 \vee B_1) \vee (A_2 \vee B_2) \vee \cdots \vee (A_n \vee B_n) \equiv (A_1 \vee A_2 \vee \cdots \vee A_n) \vee (B_1 \vee B_2 \vee \cdots \vee B_n)$

(3) $\neg(A_1 \wedge A_2 \wedge \cdots \wedge A_n) \equiv \neg A_1 \vee \neg A_2 \vee \cdots \vee \neg A_n$

(4) $\neg(A_1 \vee A_2 \vee \cdots \vee A_n) \equiv \neg A_1 \wedge \neg A_2 \wedge \cdots \wedge \neg A_n$

次に 2 個以上の変数をもつ述語について考えよう．変数 x と y とをもつ述語を $A(x,y)$ とする．

例 1.2.4. 変数 x, y の動く範囲を自然数全体 N とする．

(1) $A(x,y)$ を x は y の約数であることを意味する述語とする．$A(3,7)$ は偽であり，$A(3,6)$ は真である．

(2) $B(x,y)$ を x は y 以下であることを意味する述語とする．すなわち，$B(x,y)$ は $x \leq y$ を意味する．このとき，以下の命題が真であるか偽であるかを述べよ．

  (i) $\forall x \exists y B(x,y)$
  (ii) $\exists y \forall x B(x,y)$

(**解**) (2) (i) $\forall x \exists y B(x,y)$ は，任意の自然数 x に対して $x \leq y$ となる自然数 y が存在することを意味し，明らかに真である．

(ii) $\exists y \forall x B(x,y)$ は，ある自然数 y が存在してすべての自然数 x に対して $x \leq y$ となること，すなわち自然数全体の中で最大数 y が存在することを意味するから，偽である．

(**注**) 上の例でわかるように，$\forall$ と $\exists$ とを入れ替えて，$\forall x \exists y A(x,y)$ と $\exists y \forall x A(x,y)$ とでは意味が変わり，その結果，真偽性も変わってくることがある．

命題 1.2.2. 次の命題は真である．
$\exists x \forall y A(x,y) \to \forall y \exists x A(x,y)$

証明．

$\exists x \forall y A(x,y)$ が真 $\implies$ ある x が存在して，すべての y に対して $A(x,y)$ が真
$\implies$ すべての y に対して，その x が $A(x,y)$ が真
$\implies$ すべての y に対して，ある x が存在して $A(x,y)$ が真
$\implies \forall y \exists x A(x,y)$ が真

したがって，$\exists x \forall y A(x,y)$ が真ならば，$\forall y \exists x A(x,y)$ が真である．
ゆえに，$\exists x \forall y A(x,y) \to \forall y \exists x A(x,y)$ は真である． □

（注） 上の命題の「逆」である次の命題は真ではない．
命題 $\forall y \exists x A(x,y) \longrightarrow \exists x \forall y A(x,y)$ は偽である．

反例は例 1.2.4 の (2) であげた．

これまでは変数の動く範囲を明示しない表現であったが，明示する場合は以下のようになる．

x の動く範囲が X のとき，$\forall x A(x)$ は $\forall x (x \in X \to A(x))$ であり，それを $(\forall x \in X) A(x)$ または $\forall x \in X (A(x))$ のように略記することがある．

また $\exists x A(x)$ は $\exists x (x \in X \land A(x))$ であり，それを $(\exists x \in X) A(x)$ または $\exists x \in X (A(x))$ のように略記することがある．

例 1.2.5. 「数列 $\{x_n\}_{n=1}^{\infty}$ が x に収束する」を日本語（自然言語）で定義すると次のようになる．
「任意の $\epsilon > 0$ に対してある自然数 n_0 が存在して，自然数 n が $n \geq n_0$ ならば $|x_n - x| < \epsilon$ となる」．
このことを論理記号を用いて表現すると

$$\forall \epsilon > 0 \; \exists n_0 \in \mathrm{N} \; \forall n \in \mathrm{N} \, (n \geq n_0 \to |x_n - x| < \epsilon)$$

となる．

練習問題

(1) 次の各命題の真偽表を求めよ．
  (i) $p \wedge (q \vee r)$
  (ii) $(\neg p) \vee q$

(2) 次の各命題がトートロジーであることを真偽表により証明せよ．
  (i) $\neg(p \wedge \neg p)$　（注）矛盾律という．
  (ii) $p \vee \neg p$　（注）排中律という．

(3) 次の論理式を証明せよ．
  (i) $A \to B \equiv \neg A \vee B$
  (ii) $\neg(A \to B) \equiv A \wedge \neg B$
  (iii) $A \to B \equiv \neg B \to \neg A$

(4) 定理 1.1.1 を証明せよ．

(5) 述語 P を「素数である」とする．次の問に答えよ．
  (i) 論理式（命題）A を $\exists x(P(x) \wedge \forall y(P(y) \to y \leq x))$ とする．
  この論理式（命題）A の意味を日本語で述べよ．
  (ii) 上の A の否定 $\neg A$ を論理語を使って表わし，日本語で述べよ．

(6) 第 5 章で学ぶ触点の定義は以下のようになる．

　実数の集合を R とし部分集合を $A \subset \mathrm{R}$ とする．$x \in \mathrm{R}$ が A の触点であるとは「任意の $\epsilon > 0$ に対して，ある $y \in A$ が存在して $|x - y| < \epsilon$ となる」と定義される．

　x が A の触点であることを，論理式（命題）で $Q(x)$ とし，それを論理語を使って表わすと $\forall \epsilon(\epsilon > 0 \to \exists y((y \in A) \wedge |x-y| < \epsilon))$ となる．

　「x は A の触点でない」を意味する $\neg Q(x)$ を書け．また日本語で述べよ．

第2章

集合

2.1 集合の基本

　素朴な立場で集合を考えることにする．「もの」の集まりを**集合**とよび，その集合に属する「もの」をその集合の**要素**または**元**という．集合を表わすのに，外延的な表現と内包的な表現とがある．たとえば $A = \{2, 3, 5, 7, 11, 13, 17, 19\}$ は，$2, 3, 5, 7, 11, 13, 17, 19$（からなる）を要素とする集合を A とするという意味で，要素を書き下しており集合を外延的に表現している．

　一方，$A = \{x \text{ は自然数} \mid 1 \leq x \leq 20, x \text{ は素数}\}$ は，述語「x は 1 以上 20 以下の素数である」を真とする（1 以上 20 以下の素数である）x の全体からなる集合を A とするという意味で，集合を内包的に表わしている．一般に述語（命題，条件，性質）を P とするとき，集合 $A = \{x \mid P(x)\}$ は，$P(x)$ を真とする（P なる条件・性質を満たす）x 全体からなる集合を A とするという意味であり，この表わし方が内包的な表現である．

　x が集合 A の要素である（A に属する）とき $x \in A$ または $A \ni x$ と書く．x が集合 A の要素でないとき $x \notin A$ または $A \not\ni x$ と書く．要素をひとつも含まないものも集合と考え，**空集合**といい $\emptyset$ で表わす．

　今後，自然数（正の整数）全体からなる集合を $\mathrm{N} = \{1, 2, 3, \ldots\}$，整数全体からなる集合を $\mathrm{Z} = \{\ldots, -2, -1, 0, 1, 2, \ldots\}$，有理数（分数）全体からなる集合を $\mathrm{Q} = \{n/m \mid m, n \in \mathrm{Z}, m \neq 0\}$，実数全体からなる集合を R で表

わす.

例 2.1.1. $A = \{x \in \mathrm{N} \mid x \text{ は } 8 \text{ の約数}\}$ とおく. A を外延的に書きくだせ.

(解) $A = \{1, 2, 4, 8\}$

集合の間の包含関係 $\subset$ と等号 $=$ とを以下のように定義する.

集合 A, B とする. $x \in A \Longrightarrow x \in B$ となるとき, すなわち「$(x \in A) \to (x \in B)$」が真であるとき, A は B の**部分集合**であるといい $\boldsymbol{A \subset B}$ または $\boldsymbol{B \supset A}$ と書く. いいかえると A の要素はすべて B に属するとき $A \subset B$ と定義する.

また, $A \subset B$ でかつ $A \supset B$ であるとき, すなわち $x \in A \Longleftrightarrow x \in B$ のとき, 集合 A と B とは**等しい**といい $\boldsymbol{A = B}$ と書く.

（注） $P \Longrightarrow Q$ は「P ならば Q」を意味し, $P \Longleftrightarrow Q$ は「$P \Longrightarrow Q$ かつ $P \Longleftarrow Q$」を意味する.

例 2.1.2. $A = \{2, 3, 5, 7, 11, 13, 17, 19\}$ とおき, $B = \{x \mid x \text{ は正の整数で}, x < 20, x \text{ は素数}\}$ とおくと, $A = B$ である.

定義 2.1.1. 集合 X の部分集合 $A, B \subset X$ とする.

(1) $A \cup B = \{x \in X \mid x \in A \text{ または } x \in B\} = \{x \in X \mid (x \in A) \vee (x \in B)\}$
すなわち, A か B のいずれかに属するものからなる集合を $A \cup B$ とする.

(2) $A \cap B = \{x \in X \mid x \in A \text{ かつ } x \in B\} = \{x \in X \mid (x \in A) \wedge (x \in B)\}$
すなわち, A にも属しかつ B にも属するもの全体からなる集合を $A \cap B$ とする.

(3) $A \setminus B = \{x \in X \mid x \in A \text{ かつ } x \notin B\} = \{x \in X \mid (x \in A) \wedge (x \notin B)\}$

(4) $A^C = \{x \in X \mid x \notin A\} = \{x \in X \mid \neg(x \in A)\}$

$A \cup B$ を集合 A と B の**和集合**, $A \cap B$ を A, B の**共通集合（共通部分）**, $A \setminus B$ を A, B の**差集合**, A^C を A の**補集合**という.

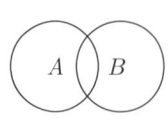
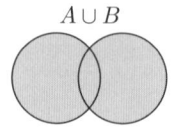
$A \cup B$
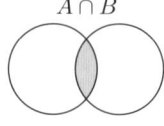
$A \cap B$
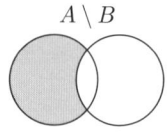
$A \setminus B$

例 2.1.3. 集合 $A = \{1, 2, 3, 4, 5, 6, 7, 8, 9, 10\}$ とおく. 以下のことに注意せ

よ.

(i) $1 \in A$ である．しかし $\{1\} \in A$ ではなく，$\{1\} \subset A$ である．すなわち，1 は A の要素だが，$\{1\}$ はただ 1 個の要素からなる A の部分集合であり $\{1\}$ は A の要素ではない．

(ii) $B = \{1, 2\}, C = \{2, 3, 4\} \subset A$ をとると，$B \cup C = \{1, 2, 3, 4\}, B \cap C = \{2\} \subset A$ である．

命題 2.1.1. 集合 X の部分集合 A, B, C, D とする．
(1) $A \subset B$ かつ $C \subset D$ ならば $A \cup C \subset B \cup D$ である．
(2) $A \subset B$ かつ $C \subset D$ ならば $A \cap C \subset B \cap D$ である．

問 2.1.1. この命題を証明せよ．

命題 2.1.2. 集合 X の部分集合 A, B とする．
$A \subset B \iff B^C \subset A^C$ である．

証明． 部分集合の定義と，$p \longrightarrow q \equiv \neg q \longrightarrow \neg p$ より，

$$\begin{aligned} A \subset B &\iff (x \in A) \to (x \in B) \\ &\iff \neg(x \in B) \longrightarrow \neg(x \in A) \\ &\iff (x \notin B) \longrightarrow (x \notin A) \\ &\iff B^C \subset A^C \end{aligned}$$

□

● 集合 X の部分集合 $A, B \subset X$ とする．このとき
(1) $A \setminus B = A \cap B^C$
(2) $A^C = X \setminus A$

命題 2.1.3. $A, B, C \subset X$ を集合 X の部分集合とする．このとき，次の等

式が成り立つ.

(1) $A \cup A = A$, $\quad A \cap A = A$
(2) $A \cup (A \cap B) = A$, $\quad A \cap (A \cup B) = A$
(3) $A \cup B = B \cup A$, $\quad A \cap B = B \cap A$
(4) $(A \cup B) \cup C = A \cup (B \cup C)$, $\quad (A \cap B) \cap C = A \cap (B \cap C)$
(5) $A \cup (B \cap C) = (A \cup B) \cap (A \cup C)$, $\quad A \cap (B \cup C) = (A \cap B) \cup (A \cap C)$
(6) $A \cup A^C = X$, $\quad A \cap A^C = \emptyset$
(7) $(A \cup B)^C = A^C \cap B^C$, $\quad (A \cap B)^C = A^C \cup B^C$
(8) $(A^C)^C = A$,
(9) $A \setminus (B \cup C) = (A \setminus B) \cap (A \setminus C)$, $\quad A \setminus (B \cap C) = (A \setminus B) \cup (A \setminus C)$

(5) を分配則,(7) をド・モルガンの公式とよぶ.

証明. (5) の証明.論理の法則の定理 1.1.1 の (4) を使う.

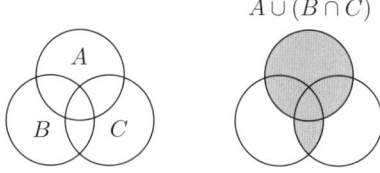

$$x \in A \cup (B \cap C) \iff (x \in A) \lor (x \in (B \cap C))$$
$$\iff (x \in A) \lor ((x \in B) \land (x \in C))$$
$$\iff ((x \in A) \lor (x \in B)) \land ((x \in A) \lor (x \in C))$$
$$\iff (x \in (A \cup B)) \land (x \in (A \cup C))$$
$$\iff x \in (A \cup B) \cap (A \cup C)$$

したがって $x \in A \cup (B \cap C) \iff x \in (A \cup B) \cap (A \cup C)$ である.ゆえに

$A \cup (B \cap C) = (A \cup B) \cap (A \cup C)$ である．また，

$$\begin{aligned}
x \in A \cap (B \cup C) &\iff (x \in A) \land (x \in (B \cup C)) \\
&\iff (x \in A) \land ((x \in B) \lor (x \in C)) \\
&\iff ((x \in A) \land (x \in B)) \lor ((x \in A) \land (x \in C)) \\
&\iff (x \in (A \cap B)) \lor (x \in (A \cap C)) \\
&\iff x \in (A \cap B) \cup (A \cap C)
\end{aligned}$$

となる．したがって $A \cap (B \cup C) = (A \cap B) \cup (A \cap C)$ である．
(7) の証明．論理の法則の定理 1.1.1 の (6) ド・モルガンの公式を使う．

$$\begin{aligned}
x \in (A \cup B)^C &\iff x \notin (A \cup B) \\
&\iff \lnot(x \in (A \cup B)) \\
&\iff \lnot((x \in A) \lor (x \in B)) \\
&\iff (\lnot(x \in A)) \land (\lnot(x \in B)) \\
&\iff (x \in A^C) \land (x \in B^C) \\
&\iff x \in (A^C \cap B^C)
\end{aligned}$$

したがって $(A \cup B)^C = A^C \cap B^C$ である． □

● 任意の集合 A に対して $\emptyset \subset A$ である．
($\because$) $x \in \emptyset$ が偽であるから，「$x \in \emptyset \to x \in A$」は真である．したがって $\emptyset \subset A$

例 2.1.4. 集合 $A = \{1, 2, 3\}$ とおく．次のことに注意せよ．$\emptyset \subset A$ であるが，$\emptyset \notin A$ である．

2.2 集合族

集合 X の部分集合 $A_1, A_2, \ldots, A_n \subset X$ に対して

$$A_1 \cup A_2 \cup \cdots \cup A_n = \{x \in X \mid (x \in A_1) \lor (x \in A_2) \lor \cdots \lor (x \in A_n)\}$$
$$A_1 \cap A_2 \cap \cdots \cap A_n = \{x \in X \mid (x \in A_1) \land (x \in A_2) \land \cdots \land (x \in A_n)\}$$

とおく．あるいは

$$\bigcup_{i=1}^{n} A_i = A_1 \cup A_2 \cup \cdots \cup A_n, \quad \bigcap_{i=1}^{n} A_i = A_1 \cap A_2 \cap \cdots \cap A_n$$

とも書く．命題 2.1.3 と同様な次のことが成り立つ．

命題 2.2.1.

(1)　$A \cup (\bigcap_{i=1}^{n} B_i) = \bigcap_{i=1}^{n} (A \cup B_i), \quad A \cap (\bigcup_{i=1}^{n} B_i) = \bigcup_{i=1}^{n} (A \cap B_i)$
(2)　$(\bigcup_{i=1}^{n} A_i)^C = \bigcap_{i=1}^{n} A_i^C, \qquad (\bigcap_{i=1}^{n} A_i)^C = \bigcup_{i=1}^{n} A_i^C$
(3)　$A \setminus \bigcup_{i=1}^{n} B_i = \bigcap_{i=1}^{n} (A \setminus B_i), \quad A \setminus \bigcap_{i=1}^{n} B_i = \bigcup_{i=1}^{n} (A \setminus B_i)$

X を集合とする．集合 I の各要素 $i \in I$ に対して X の部分集合 $A_i \subset X$ が与えられているとき，$\{A_i\}_{i \in I}$ を，I を添え字集合とする（X の部分）**集合族**という．

定義 2.2.1. $\{A_i\}_{i \in I}$ を X の部分集合族とする．

$$\bigcup_{i \in I} A_i = \{x \in X \mid \exists i \in I (x \in A_i)\} = \{x \in X \mid \exists i ((i \in I) \wedge (x \in A_i))\}$$
$$\bigcap_{i \in I} A_i = \{x \in X \mid \forall i \in I (x \in A_i)\} = \{x \in X \mid \forall i ((i \in I) \wedge (x \in A_i))\}$$

とおき，それぞれ $\{A_i\}_{i \in I}$ の和集合，共通集合という．

すなわち，$\bigcup_{i \in I} A_i$ はいずれかの A_i に属するもの全体からなる集合，$\bigcap_{i \in I} A_i$ はすべての A_i に属するもの全体からなる集合である．

例 2.2.1. (1) $A_1 \subset A_2 \subset \cdots$ のとき，$\bigcap_{n=1}^{\infty} A_n = A_1$
(2) $A_1 \supset A_2 \supset \cdots$ のとき，$\bigcup_{n=1}^{\infty} A_n = A_1$

例 2.2.2. $A_n = \{x \in \mathbb{R} \mid 0 \leq x \leq 1/n\}$，$n = 1, 2, \ldots$ とおく．以下のことに答えよ．

(i) 集合 A_1, A_2, A_3 を数直線上に表わせ．
(ii) $\bigcup_{n=1}^{\infty} A_n$ および　$\bigcap_{n=1}^{\infty} A_n$ を求めよ．

(解) (i)

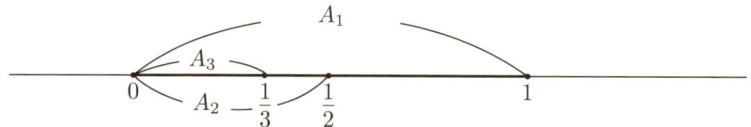

(ii) $A_1 \supset A_2 \supset \cdots$ に注意する. $\bigcup_{n=1}^{\infty} A_n = A_1 = \{x \in \mathrm{R} \mid 0 \leq x \leq 1\}$ である.

$\bigcap_{n=1}^{\infty} A_n = \{0\}$ である. 実際, $0 \in A_n$ $(n = 1, 2, \ldots)$ だから $0 \in \bigcap_{n=1}^{\infty} A_n$ となる. ゆえに $\{0\} \subset \bigcap_{n=1}^{\infty} A_n$ である.

逆を示す. $x \neq 0$ とする. $x < 0$ のときは明らかに $0 \notin \bigcap_{n=1}^{\infty} A_n$ である. $x > 0$ のとき, $0 < \frac{1}{n} < x$ となる整数 n が存在する. その n に対して $x \notin A_n$ だから, $x \notin \bigcap_{n=1}^{\infty} A_n$ である. したがって, $x \neq 0 \Longrightarrow x \notin \bigcap_{n=1}^{\infty} A_n$ である. ゆえに, $\{0\} \supset \bigcap_{n=1}^{\infty} A_n$ である.

命題 2.2.2.

(1) $A \cup \left(\bigcap_{i \in I} B_i\right) = \bigcap_{i \in I}(A \cup B_i)$, $\quad A \cap \left(\bigcup_{i \in I} B_i\right) = \bigcup_{i \in I}(A \cap B_i)$

(2) $\left(\bigcup_{i \in I} A_i\right)^C = \bigcap_{i \in I} A_i^C$, $\quad \left(\bigcap_{i \in I} A_i\right)^C = \bigcup_{i \in I} A_i^C$

(3) $A \setminus \bigcup_{i \in I} B_i = \bigcap_{i \in I}(A \setminus B_i)$, $\quad A \setminus \bigcap_{i \in I} B_i = \bigcup_{i \in I}(A \setminus B_i)$

(1) は分配則, (2) はド・モルガンの公式である.

証明. (1) の証明.

$$x \in A \cup \left(\bigcap_{i \in I} B_i\right) \Longleftrightarrow (x \in A) \vee (x \in \bigcap_{i \in I} B_i)$$
$$\Longleftrightarrow (x \in A) \vee (\forall i \in I (x \in B_i))$$

ここで, $(x \in A) \vee (\forall i \in I(x \in B_i))$ とすると, $x \in A$ か, または すべての $i \in I$ に対して $x \in B_i$ である.

もし $x \in A$ とすると, すべての $i \in I$ に対して $x \in A \cup B_i$ であり, したがって $x \in \bigcap_{i \in I}(A \cup B_i)$ である.

もしすべての $i \in I$ に対して $x \in B_i$ であるとすると, すべての $i \in I$ に対して $x \in A \cup B_i$ であり, したがって $x \in \bigcap_{i \in I}(A \cup B_i)$ である.

ゆえに，
$$(x \in A) \vee (\forall i \in I(x \in B_i)) \Longrightarrow x \in \bigcap_{i \in I}(A \cup B_i)$$
である．

逆に $x \in \bigcap_{i \in I}(A \cup B_i)$ とすると，すべての $i \in I$ に対して $x \in A \cup B_i$ である．

$x \in A$ の場合は $(x \in A) \vee (\forall i \in I(x \in B_i))$ である．

もし すべての $i \in I$ に対して $x \in B_i$ とすると $\forall i \in I(x \in B_i)$ だから $(x \in A) \vee (\forall i \in I(x \in B_i))$ である．ゆえに，
$$(x \in A) \vee (\forall i \in I(x \in B_i)) \Longleftarrow x \in \bigcap_{i \in I}(A \cup B_i)$$
である．整理すると
$$(x \in A) \vee (\forall i \in I(x \in B_i)) \Longleftrightarrow x \in \bigcap_{i \in I}(A \cup B_i)$$
したがって，$A \cup \left(\bigcap_{i \in I} B_i\right) = \bigcap_{i \in I}(A \cup B_i)$ が示せた．

(2) の証明．
$$\begin{aligned}
x \in \left(\bigcup_{i \in I} A_i\right)^C &\Longleftrightarrow x \notin \bigcup_{i \in I} A_i \\
&\Longleftrightarrow \neg(x \in \bigcup_{i \in I} A_i) \\
&\Longleftrightarrow \neg((\exists i \in I)\, x \in A_i) \\
&\Longleftrightarrow (\forall i \in I)\,(\neg(x \in A_i)) \\
&\Longleftrightarrow (\forall i \in I)\,(x \in (A_i)^C) \\
&\Longleftrightarrow x \in \bigcap_{i \in I} A_i^C
\end{aligned}$$

したがって，$\left(\bigcup_{i \in I} A_i\right)^C = \bigcap_{i \in I} A_i^C$ である． □

2.3 直積

集合 X, Y に対して $X \times Y = \{(x, y) \mid x \in X, y \in Y\}$ とおき，X, Y の**直積集合**という．

$(x_1, y_1), (x_2, y_2) \in X \times Y$ に対して，$x_1 = x_2$ かつ $y_1 = y_2$ のとき $(x_1, y_1) = (x_2, y_2)$ と書く．

一般に集合 $X_1, X_2, \ldots, X_n$ に対して，
$$X_1 \times X_2 \times \cdots \times X_n = \{(x_1, x_2, \ldots, x_n) \mid x_1 \in X_1, x_2 \in X_2, \ldots, x_n \in X_n\}$$
とおく．

$X \times X$ を X^2, 一般に $\overbrace{X \times X \times \cdots \times X}^{n}$ を X^n と書く．

（注）　A が X の部分集合 $A \subset X$，B が Y の部分集合 $B \subset Y$ のとき，$A \times B \subset X \times Y$ である．

証明．
$$\begin{aligned}
(x, y) \in A \times B &\Longrightarrow x \in A \text{ かつ } y \in B \\
&\Longrightarrow x \in X \text{ かつ } y \in Y \\
&\Longrightarrow (x, y) \in X \times Y
\end{aligned}$$

したがって，$A \times B \subset X \times Y$ 　　　　　　　　□

例 2.3.1. $X = \{1, 2, 3, 4\}, Y = \{a, b, c\}$ とする．X の部分集合 $A = \{1, 2\}$，Y の部分集合 $B = \{a, b\}$ とする．
(1) $X \times Y$ を求めよ．
(2) $X \times Y$ の部分集合 $A \times B$ を求めよ．

（**解**）　(1)
$$X \times Y = \left\{\begin{array}{l} (1, a), (1, b), (1, c) \\ (2, a), (2, b), (2, c) \\ (3, a), (3, b), (3, c) \\ (4, a), (4, b), (4, c) \end{array}\right\}$$

(2) $A \times B = \{(1, a), (1, b), (2, a), (2, b)\}$ である．

例 2.3.2. $\mathbb{R}^2$ において，集合 $[0,1] \times [0,1] \cup [1/2, 3/2] \times [1/2, 3/2]$ を図示せよ．

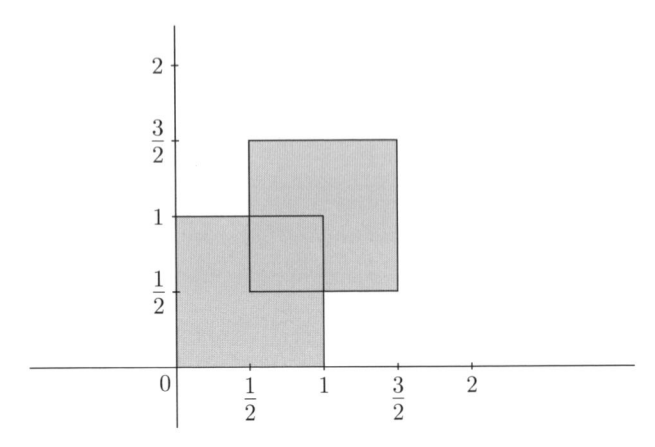

命題 2.3.1. 集合 X, Y とする．X の部分集合 $A, A_1, A_2 \subset X$，Y の部分集合 $B, B_1, B_2 \subset Y$ とする．次のことを示せ．

(1) $(A_1 \cup A_2) \times B = (A_1 \times B) \cup (A_2 \times B)$
(2) $A \times (B_1 \cup B_2) = (A \times B_1) \cup (A \times B_1)$
(3) $(A_1 \cup A_2) \times (B_1 \cup B_2)$
    $= (A_1 \times B_1) \cup (A_1 \times B_2) \cup (A_2 \times B_1) \cup (A_2 \times B_2)$
(4) $(A_1 \cap A_2) \times B = (A_1 \times B) \cap (A_2 \times B)$
(5) $A \times (B_1 \cap B_2) = (A \times B_1) \cap (A \times B_2)$
(6) $(A_1 \cap A_2) \times (B_1 \cap B_2)$
    $= (A_1 \times B_1) \cap (A_1 \times B_2) \cap (A_2 \times B_1) \cap (A_2 \times B_2)$
(7) $(A \times B)^C = (A^C \times Y) \cup (X \times B^C)$
(8) $(A \times B) \setminus (A_1 \times B_1) = ((A \setminus A_1) \times B) \cup (A \times (B \setminus B_1))$

証明． (1) の証明．論理の分配則を使う．

2.3. 直積

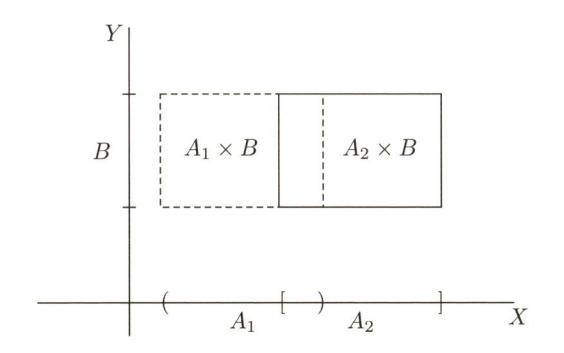

$$(x,y) \in (A_1 \cup A_2) \times B \iff (x \in A_1 \cup A_2) \wedge (y \in B)$$
$$\iff ((x \in A_1) \vee (x \in A_2)) \wedge (y \in B)$$
$$\iff ((x \in A_1) \wedge (y \in B)) \vee ((x \in A_2) \wedge (y \in B))$$
$$\iff ((x,y) \in A_1 \times B) \vee ((x,y) \in A_2 \times B)$$
$$\iff (x,y) \in (A_1 \times B) \cup (A_2 \times B)$$

したがって，$(A_1 \cup A_2) \times B = (A_1 \times B) \cup (A_2 \times B)$ である．

(3) の証明．(1) と (2) を繰り返して使う．

$$(A_1 \cup A_2) \times (B_1 \cup B_2) = (A_1 \times (B_1 \cup B_2)) \cup (A_2 \times (B_1 \cup B_2))$$
$$= (A_1 \times B_1) \cup (A_1 \times B_2) \cup (A_2 \times B_1) \cup (A_2 \times B_2)$$

(4) の証明．

$$(x,y) \in (A_1 \cap A_2) \times B \iff (x \in A_1 \cap A_2) \wedge (y \in B)$$
$$\iff ((x \in A_1) \wedge (x \in A_2)) \wedge (y \in B)$$
$$\iff ((x,y) \in A_1 \times B) \wedge ((x,y) \in A_2 \times B)$$
$$\iff (x,y) \in (A_1 \times B) \cap (A_2 \times B)$$

したがって，$(A_1 \cap A_2) \times B = (A_1 \times B) \cap (A_2 \times B)$

(7) の証明．論理のド・モルガンの公式を使う．

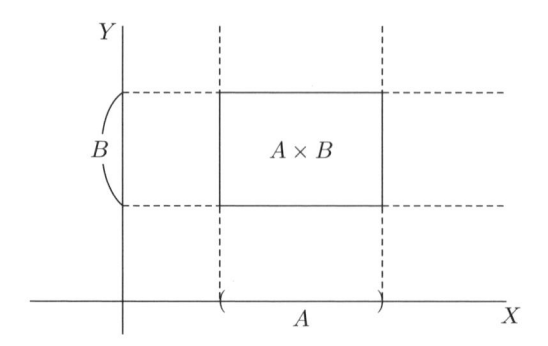

$(x,y) \in X \times Y$ とする．このとき

$$\begin{aligned}(x,y) \in (A \times B)^C &\iff (x,y) \notin A \times B \\ &\iff \neg((x,y) \in A \times B) \\ &\iff \neg((x \in A) \land (y \in B)) \\ &\iff (\neg(x \in A)) \lor (\neg(y \in B)) \\ &\iff (x \notin A) \lor (y \notin B) \\ &\iff (x \in A^C) \lor (y \in B^C) \\ &\iff ((x,y) \in A^C \times Y) \lor ((x,y) \in X \times B^C) \\ &\iff (x,y) \in (A^C \times Y) \cup (X \times B^C)\end{aligned}$$

したがって，$(A \times B)^C = (A^C \times Y) \cup (X \times B^C)$ である． □

前の命題は以下のように拡張される．

命題 2.3.2. 集合 X, Y とする．X の部分集合 $A \subset X$, X の部分集合からなる族 $\{A_i\}_{i \in I}$, Y の部分集合 $B \subset Y$, Y の部分集合からなる族 $\{B_j\}_{j \in J}$ とする．

(1) $(\bigcup_{i \in I} A_i) \times B = \bigcup_{i \in I} (A_i \times B)$

(2) $A \times (\bigcup_{j \in J} B_j) = \bigcup_{j \in J} (A \times B_j)$

(3) $(\bigcup_{i \in I} A_i) \times (\bigcup_{j \in J} B_j) = \bigcup_{(i,j) \in I \times J} (A_i \times B_j)$

(4) $(\bigcap_{i \in I} A_i) \times B = \bigcap_{i \in I} (A_i \times B)$

(5) $A \times (\bigcap_{j \in J} B_j) = \bigcap_{j \in J} (A \times B_j)$
(6) $(\bigcap_{\in I} A_i) \times (\bigcap_{j \in J} B_j) = \bigcap_{(i,j) \in I \times J} (A_i \times B_j)$
(7) $(\bigcup_{(i,j) \in I \times J} (A_i \times B_j))^C = ((\bigcap_{i \in I} A_i^C) \times Y) \cup (X \times (\bigcap_{j \in J} B_j^C))$
(8) $(\bigcap_{(i,j) \in I \times J} (A_i \times B_j))^C = (\bigcup_{i \in I} A_i^C \times Y) \cup (X \times \bigcup_{j \in I} B_j^C)$
(9) $(A \times B) \setminus \bigcup_{(i,j) \in (I \times J)} (A_i \times B_j)$
$= (\bigcap_{i \in I} (A \setminus A_i) \times B) \cup (A \times (\bigcap_{j \in J} (B \setminus B_j)))$
(10) $(A \times B) \setminus \bigcap_{(i,j) \in (I \times J)} (A_i \times B_j)$
$= (\bigcup_{i \in I} (A \setminus A_i) \times B) \cup (A \times (\bigcup_{j \in J} (B \setminus B_j)))$

証明. (1) の証明.

$$(x,y) \in (\bigcup_{i \in I} A_i) \times B \iff x \in \bigcup_{i \in I} A_i \quad かつ \quad y \in B$$
$$\iff (\exists i \in I)\, x \in A_i \quad かつ \quad y \in B$$
$$\iff (\exists i \in I)\, (x,y) \in A_i \times B$$
$$\iff (x,y) \in \bigcup_{i \in I} (A_i \times B)$$

したがって, $(\bigcup_{i \in I} A_i) \times B = \bigcup_{i \in I} (A_i \times B)$ である.
(3) の証明.

$$(x,y) \in (\bigcup_{i \in I} A_i) \times (\bigcup_{j \in J} B_j) \iff x \in \bigcup_{i \in I} A_i \quad かつ \quad y \in \bigcup_{j \in J} B_j$$
$$\iff (\exists i \in I)\, x \in A_i \quad かつ \quad (\exists j \in J)\, y \in B_j$$
$$\iff (\exists (i,j) \in I \times J)(x,y) \in A_i \times B_j$$
$$\iff (x,y) \in \bigcup_{(i,j) \in I \times J} (A_i \times B_j)$$

したがって, $(\bigcup_{i \in I} A_i) \times (\bigcup_{j \in J} B_j) = \bigcup_{(i,j) \in I \times J} (A_i \times B_j)$ である.

(6) の証明.
$$(x,y) \in (\bigcap_{i \in I} A_i) \times (\bigcap_{j \in J} B_j) \iff x \in \bigcap_{i \in I} A_i \text{ かつ } y \in \bigcap_{j \in J} B_j$$
$$\iff (\forall i \in I)\, x \in A_i \text{ かつ } (\forall j \in J)\, y \in B_j$$
$$\iff (\forall (i,j) \in I \times J)(x,y) \in A_i \times B_j$$
$$\iff (x,y) \in \bigcap_{(i,j) \in I \times J} (A_i \times B_j)$$

したがって,$(\bigcap_{i \in I} A_i) \times (\bigcap_{j \in J} B_j) = \bigcap_{(i,j) \in I \times J} (A_i \times B_j)$ である.

(7) の証明.(3) と前の命題の (7) とを使う.
$$\left(\bigcup_{(i,j) \in I \times J} (A_i \times B_j)\right)^C = \left((\bigcup_{i \in I} A_i) \times (\bigcup_{j \in J} B_j)\right)^C$$
$$= \left((\bigcup_{i \in I} A_i)^C \times Y\right) \bigcup \left(X \times (\bigcup_{j \in J} B_j)^C\right)$$
$$= \left(\bigcap_{i \in I} A_i^C \times Y\right) \bigcup \left(X \times \bigcap_{j \in J} B_j^C\right)$$

□

問 2.3.1. 上の命題の (8) を証明せよ.

2.4 商集合

集合上に同値関係とよばれる関係を導入し,その同値関係によりその与えられた集合を共通部分をもたない部分集合の和集合に分割することにより,各部分集合そのものをひとつの要素とみなす商集合を考える.

定義 2.4.1. 集合 X 上の関係 $\sim$ が次の条件 (1)(2)(3) を満たすとき,関係 $\sim$ を X 上の**同値関係**という.
 (1) すべての $x \in X$ に対して $x \sim x$ である.
 (2) $x,y \in X$ とする.$x \sim y$ ならば $y \sim x$ である.
 (3) $x,y,z \in X$ とする.$x \sim y$ でかつ $y \sim z$ ならば $x \sim z$ である.

2.4. 商集合

例 2.4.1. 整数全体からなる集合 $\mathbb{Z}$ において, $x, y \in \mathbb{Z}$ が $x - y$ が2で割り切れるとき, $x \sim y$ とする. このとき $\sim$ は $\mathbb{Z}$ 上の同値関係である.

証明. (1) $x \in \mathbb{Z}$, すなわち x を整数とする. $x - x = 0 = 2 \cdot 0$ より $x - x$ は2で割り切れる. したがって $x \sim x$ である.
(2) $x, y \in \mathbb{Z}$ で $x \sim y$ とする. $x - y = 2k$, ただし k は整数とする. このとき $y - x = -(x - y) = -2k = 2(-k)$ より $y - x$ は2で割り切れる. したがって $y \sim x$ である.
(3) $x, y, z \in \mathbb{Z}$ で $x \sim y$ かつ $y \sim z$ とする. $x - y = 2k$, $y - z = 2l$, ただし k, l は整数とする. このとき $x - z = (x - y) + (y - z) = 2k + 2l = 2(k + l)$ となり $x \sim z$ である.
関係 $\sim$ が定義の (1)(2)(3) を満たすから, $\sim$ は同値関係である. □

$\sim$ を集合 X 上の同値関係とする. $a \in X$ に対して $C(a) = \{x \in X \mid x \sim a\}$ とおき, a の **同値類**（または a の属する類, a を代表元とする類）という.

例 2.4.2. 例 2.4.1 において, $C(0) = \{\ldots, -4, -2, 0, 2, 4, \ldots\} = \{x \in \mathbb{Z} \mid x$ は偶数 $\}$ で $C(1) = \{\ldots, -3, -1, 1, 3, 5, \ldots\} = \{x \in \mathbb{Z} \mid x$ は奇数 $\}$ である.

定理 2.4.1. $\sim$ を集合 X 上の同値関係とする. このとき
(1) すべての $a \in X$ に対して, $a \in C(a)$ である.
(2) $a, b \in X$ とする. $C(a) \cap C(b) \neq \emptyset \implies C(a) = C(b)$ である.

証明. (1) の証明. $a \sim a$ だから $a \in C(a)$ である.
(2) の証明. $c \in C(a) \cap C(b)$ とする. 任意の $x \in C(a)$ とすると, $x \sim a$ で $c \sim a$ だから $x \sim c$ となる. また $c \sim b$ だから $x \sim b$ となる. すなわち $x \in C(b)$ となる. したがって $C(a) \subset C(b)$ を得る. 同様にして $C(b) \subset C(a)$ を得るから $C(a) = C(b)$ である. □

この定理は集合 X 上の同値関係 $\sim$ により, 集合 X が互いに共通部分をもたない部分集合たち $\{C(a)\}_{a \in X}$ の和集合として表される（分割される）ことを意味している.

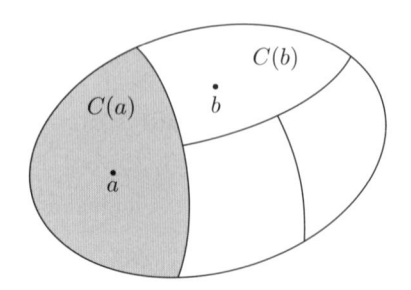

例 2.4.3. 整数全体からなる集合 Z において，$x, y \in Z$ が $x - y$ が 3 で割り切れるとき，$x \sim y$ とする．以下の問に答えよ．

(1) $\sim$ が同値関係であることを示せ．

(2) $C(0), C(1), C(2)$ を求めよ．

(3) 同値関係 $\sim$ によって Z は何個の（互いに共通部分をもたない）部分集合の和集合として分割されるか．

（解） (2) $C(0) = \{\ldots, -3, 0, 3, \ldots\} = \{x \in Z \,|\, x \text{ は 3 で割り切れる}\}$, $C(1) = \{\ldots, -2, 1, 4, \ldots\} = \{x \in Z \,|\, x \text{ は 3 で割って, 1 あまる}\}$, $C(2) = \{\ldots, -1, 2, 4, \ldots\} = \{x \in Z \,|\, x \text{ は 3 で割って, 2 あまる}\}$

(3) $Z = C(0) \cup C(1) \cup C(2)$ となり，3 個の部分集合の和集合として分割される．

集合 X 上の同値関係 $\sim$ により，X は $X = \bigcup_{a \in X} C(a)$ と同値類による部分集合に分割される．各部分集合（各同値類）そのものをひとつの要素とみなしてできる集合を $X/\sim$ と書き，X の同値関係 $\sim$ による**商集合**という．

例 2.4.4. 例 2.4.1 において，商集合 $Z/\sim$ を求め，商集合の要素の個数を求めよ．

（解） $Z/\sim = \{C(0), C(1)\}$ で 2 個の要素からなる集合である．

練習問題

(1) 集合 X の部分集合 A, B, C, D とする．以下のことを証明せよ．

(i) $A \subset B$ かつ $C \subset D \implies A \cup C \subset B \cup D$ である．

(ii) $A \subset B$ かつ $C \subset D \implies A \cap C \subset B \cap D$ である．

(2) 集合 X の部分集合 $A, B \subset X$ とする.
　(i) $A \backslash B = A \cap B^C$ を証明せよ.
　(ii) $A^C = X \backslash A$ を証明せよ.
(3) 命題 2.1.3 の (9) $A \backslash (B \cup C) = (A \backslash B) \cap (A \backslash C)$ を証明せよ.
(4) $A_n = \{x \in \mathrm{R} \mid n-1 < |x| \leq n\}$ 　 $(n = 1, 2, \ldots)$ とおく.
　(i) $\bigcup_{n=1}^{\infty} A_n$ を求めよ.
　(i) $\bigcap_{n=1}^{\infty} A_n$ を求めよ.
(5) 整数全体からなる集合 Z において, $x, y \in \mathrm{Z}$ が $x - y$ が 7 で割り切れるとき, $x \sim y$ とする. 以下の問に答えよ.
　(i) $\sim$ が同値関係であることを示せ.
　(ii) 同値関係 $\sim$ によって Z は何個の（互いに共通部分をもたない）部分集合の和集合として分割されるか.
　(iii) 商集合 $\mathrm{Z}/\sim$ を求め, 商集合の要素の個数を求めよ.

第3章

写像

3.1 写像の基本

定義 3.1.1. 集合 X, Y とする．集合 X の各要素 $x \in X$ に対して集合 Y の要素 $f(x) \in Y$ が対応しているとき，その対応 f を**集合 X から Y への写像**といい，$f : X \to Y$，または $X \xrightarrow{f} Y$，または $f : X \ni x \rightsquigarrow f(x) \in Y$ と書く．また，f, g が X から Y への写像で，すべての $x \in X$ に対して $f(x) = g(x)$ となるとき $f = g$ と書く．

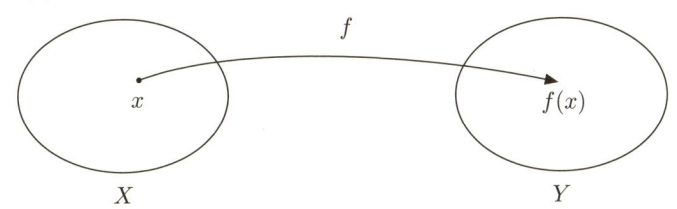

例 3.1.1. f を集合 X から Y への写像 $f : X \to Y$ とする．

(1) $X = Y = \mathrm{R}$ とし，$f(x) = x^2$ とする．f は R から R への写像 $f : \mathrm{R} \to \mathrm{R}$ である．

(2) $X = Y = \{1, 2, 3\}$ とし，$f(1) = 2, f(2) = 3, f(3) = 1$ とおく．f は $\{1, 2, 3\}$ から $\{1, 2, 3\}$ への写像である．

定義 3.1.2. f を集合 X から Y への写像 $f : X \to Y$ とする．

(1) X の部分集合 $A \subset X$ に対して $f(A) = \{f(x) \mid x \in A\} \subset Y$ とおき，A

の f による像という．

(2) Y の部分集合 $A \subset Y$ に対して $f^{-1}(A) = \{x \in X \mid f(x) \in A\}$ とおき，A の f による逆像という．

例 3.1.2. 集合 $X = \{1,2,3,4\}$，$Y = \{a,b,c\}$ とし，X から Y への写像 $f : X \to Y$ を $f(1) = b, f(2) = c, f(3) = b, f(4) = c$ とする．$A = \{1,2,3\} \subset X$，$B = \{b,c\} \subset Y$ とおく．
(1) $f(A)$ を求めよ．
(2) $f^{-1}(B)$ を求めよ

(解) (1) $f(A) = \{f(x) \mid x \in A\} = \{f(1), f(2), f(3)\} = \{b, c\}$ である．
(2) $f^{-1}(B) = \{x \in X \mid f(x) \in B\} = \{1, 2, 3, 4\}$ である．

例 3.1.3. 集合 $X = Y = \mathrm{R}$ とし，$f : X \to Y$ を $f(x) = x^2$ とする．$A = \{x \in \mathrm{R} \mid 0 \leq x \leq 1\} \subset X$，$B = \{y \in \mathrm{R} \mid -1 \leq y \leq 1\} \subset Y$ とする．
(1) $f(A)$ を求めよ．
(2) $f^{-1}(B)$ を求めよ

(解) (1) f のグラフを描くと容易にわかるように $f(A) = \{x \in \mathrm{R} \mid 0 \leq x \leq 1\} = [0, 1]$ である．
(2) $f^{-1}(B) = \{x \in \mathrm{R} \mid -1 \leq f(x) \leq 1\} = [-1, 1]$ である．

次に集合の像がどのようになるかを述べよう．

命題 3.1.1. f を集合 X から Y への写像 $f : X \to Y$ とする．$A, B \subset X$ とする．
(1) $f(A \cup B) = f(A) \cup f(B)$
(2) $f(A \cap B) \subset f(A) \cap f(B)$
(3) $f(A \setminus B) \supset f(A) \setminus f(B)$，したがって，特に $f(A^C) \supset f(X) \setminus f(A)$

証明． (1) の証明．任意の $y \in f(A \cup B)$ とする．$y = f(x)$ となる $x \in A \cup B$ が存在する．$x \in A$ のとき，$y = f(x) \in f(A) \subset f(A) \cup f(B)$ である．同様に $x \in B$ のとき $y = f(x) \in f(B) \subset f(A) \cup f(B)$ となる．いずれの場合も $y \in f(A) \cup f(B)$ となるから $f(A \cup B) \subset f(A) \cup f(B)$ である．逆に，$f(A) \subset f(A \cup B)$，$f(B) \subset f(A \cup B)$ より $f(A) \cup f(B) \subset f(A \cup B)$ とな

る．したがって $f(A \cup B) = f(A) \cup f(B)$ を得る．

(2) の証明．$f(A \cap B) \subset f(A), f(A \cap B) \subset f(B)$ より $f(A \cap B) \subset f(A) \cap f(B)$ となる．

(3) の証明．任意の $y \in f(A) \setminus f(B)$ とする．$y \in f(A)$ だから，$y = f(x)$ となる $x \in A$ が存在する．また $y \notin f(B)$ だから，$x \notin B$ である．したがって $x \in A \setminus B$ で $y = f(x)$ より $y \in f(A \setminus B)$ となる．ゆえに，$f(A) \setminus f(B) \subset f(A \setminus B)$ を得た． □

(注) 一般に，$f(A \cap B) = f(A) \cap f(B)$ は成り立たない．実際，$X = Y = \{1, 2, 3\}$，$A = \{1, 2\}, B = \{2, 3\} \subset X$ とする．

写像 $f : X \to Y$ を，$f(1) = 1, f(2) = 2, f(3) = 1$ とおく．

$f(A) = \{f(1), f(2)\} = \{1, 2\}$ であり，また $f(B) = \{f(2), f(3)\} = \{2, 1\}$ となり，$f(A) = f(B) = \{1, 2\}$ となる．一方，$f(A \cap B) = \{f(2)\} = \{2\}$ となる．

像の場合は必ずしも等号にはならないが，逆像の場合はすべて等号になることを主張するのが，次の命題である．

命題 3.1.2. f を集合 X から Y への写像 $f : X \to Y$ とする．$A, B \subset Y$ とする．
(1) $f^{-1}(A \cup B) = f^{-1}(A) \cup f^{-1}(B)$
(2) $f^{-1}(A \cap B) = f^{-1}(A) \cap f^{-1}(B)$
(3) $f^{-1}(A \setminus B) = f^{-1}(A) \setminus f^{-1}(B)$ である．特に $f^{-1}(A^C) = (f^{-1}(A))^C$ である．

証明． (1) の証明．

$$\begin{aligned} x \in f^{-1}(A \cup B) &\iff f(x) \in A \cup B \\ &\iff f(x) \in A \text{ または } f(x) \in B \\ &\iff x \in f^{-1}(A) \text{ または } x \in f^{-1}(B) \\ &\iff x \in f^{-1}(A) \cup f^{-1}(B) \end{aligned}$$

したがって $f^{-1}(A \cup B) = f^{-1}(A) \cup f^{-1}(B)$ である．

(2) の証明.

$$x \in f^{-1}(A \cap B) \iff f(x) \in A \cap B$$
$$\iff f(x) \in A \text{ かつ } f(x) \in B$$
$$\iff x \in f^{-1}(A) \text{ かつ } x \in f^{-1}(B)$$
$$\iff x \in f^{-1}(A) \cap f^{-1}(B)$$

したがって $f^{-1}(A \cap B) = f^{-1}(A) \cap f^{-1}(B)$ である.

(3) の証明.

$$x \in f^{-1}(A \setminus B) \iff f(x) \in A \setminus B$$
$$\iff f(x) \in A \text{ かつ } f(x) \notin B$$
$$\iff x \in f^{-1}(A) \text{ かつ } x \notin f^{-1}(B)$$
$$\iff x \in f^{-1}(A) \setminus f^{-1}(B)$$

したがって $f^{-1}(A \setminus B) = f^{-1}(A) \setminus f^{-1}(B)$ である.

特に $f^{-1}(A^C) = f^{-1}(Y \setminus A) = f^{-1}(Y) \setminus f^{-1}(A) = X \setminus f^{-1}(A) = (f^{-1}(A))^C$. □

命題 3.1.3. f を集合 X から Y への写像 $f : X \to Y$ とする. X の部分集合族 $\{A_i\}_{i \in I}$ とする.
(1) $f\left(\bigcup_{i \in I} A_i\right) = \bigcup_{i \in I} f(A_i)$
(2) $f\left(\bigcap_{i \in I} A_i\right) \subset \bigcap_{i \in I} f(A_i)$

証明. (1) の証明.

$$y \in \left(\bigcup_{i \in I} A_i\right) \iff \exists i \in I \, (x \in A_i \wedge y = f(x))$$
$$\iff \exists i \in I \, (y \in f(A_i))$$
$$\iff y \in \bigcup_{i \in I} f(A_i)$$

したがって $f\left(\bigcup_{i \in I} A_i\right) = \bigcup_{i \in I} f(A_i)$ である.

(2) の証明. 任意の $j \in I$ に対して $\left(\bigcap_{i \in I} A_i\right) \subset A_j$ だから $f\left(\bigcap_{i \in I} A_i\right) \subset A_j$ である. したがって $f\left(\bigcap_{i \in I} A_i\right) \subset \bigcap_{j \in I} f(A_j)$ である. □

命題 3.1.4. f を集合 X から Y への写像 $f: X \to Y$ とする. Y の部分集合族 $\{A_i\}_{i \in I}$ とする.

(1) $f^{-1}\left(\bigcup_{i \in I} A_i\right) = \bigcup_{i \in I} f^{-1}(A_i)$

(2) $f^{-1}\left(\bigcap_{i \in I} A_i\right) = \bigcap_{i \in I} f^{-1}(A_i)$

(3) $f^{-1}\left(B \setminus \bigcup_{i \in I} A_i\right) = f^{-1}(B) \setminus \bigcup_{i \in I} f^{-1}(A_i)$

逆像については, 2 個の場合だけではなく一般の場合も等号が成立する.

証明. (1) の証明.

$$\begin{aligned} x \in f^{-1}\left(\bigcup_{i \in I} A_i\right) &\iff f(x) \in \left(\bigcup_{i \in I} A_i\right) \\ &\iff \exists i \in I \, (f(x) \in A_i) \\ &\iff \exists i \in I \, (x \in f^{-1}(A_i)) \\ &\iff x \in \bigcup_{i \in I} f^{-1}(A_i) \end{aligned}$$

したがって $f^{-1}\left(\bigcup_{i \in I} A_i\right) = \bigcup_{i \in I} f^{-1}(A_i)$ である. □

定義 3.1.3. f を集合 X から Y への写像 $f: X \to Y$ とする.

(1) $f(X) = Y$ のとき, すなわち, 任意の $y \in Y$ に対して $f(x) = y$ となる $x \in X$ が存在するとき, f を**全射**という.

(2) $x_1, x_2 \in X$ が $x_1 \neq x_2$ ならば $f(x_1) \neq f(x_2)$ となるとき, f を**単射**という.

(3) f が全射かつ単射のとき, f を**全単射**という.

（注） X から Y への全単射を, X から Y の <u>**上への 1 対 1 対応**</u> という.

例 3.1.4. 集合 $X = \{1, 2, 3, 4\}$, $Y = \{a, b, c, d\}$ とし, X から Y への写像 f, g を次のように定める.

f を $f(1)=b, f(2)=c, f(3)=d, f(4)=a$ とおき，g を $g(1)=a, g(2)=b, g(3)=c, g(4)=a$ とおく．f は全単射で，g は全射でもなく単射でもない．

(解) f が全単射であることは明らか．$g(1)=g(4)=a$ だから g は単射ではない．また $g(x)=d$ となる $x \in X$ は存在しないから g は全射ではない．

例 3.1.5. (1) $f: \mathrm{R} \to \mathrm{R}$, $f(x)=2x+1$ は全単射である．
(2) $f: \mathrm{R} \to \mathrm{R}$, $f(x)=2^x$ は単射であるが，全射ではない．
(3) $f: \mathrm{R} \to \mathrm{R}$, $f(x)=x(x-1)(x+1)$ は全射であるが，単射ではない．
(3) $f: \mathrm{R} \to \mathrm{R}$, $f(x)=x^2$ は全射でも単射でもない．

(解) (1) $f(x_1)=f(x_2)$ とする．$2x_1+1=2x_2+1$ より $x_1=x_2$ を得るから f は単射である．また任意の $y \in \mathrm{R}$ に対して，$x=(y-1)/2$ とおくと $f(x)=2x+1=2\times(y-1)/2+1=y$ となるから全射である．
(2) f は単調増加だから $x_1<x_2$ ならば $f(x_1)=2^{x_1}<2^{x_2}=f(x_2)$ となり単射である．また，$f(x)=2^x>0$ だから $f(x)=-1$ となる x は存在しないから全射ではない．
(3) $f(0)=f(1)=0$ となるから f は単射ではない．全射になることは f のグラフよりわかる．
(4) $f(-1)=f(1)=1$ となるから，f は単射ではない．また $f(x)=-1$ となる $x \in \mathrm{R}$ は存在しないから，全射ではない．

例 3.1.6. 集合 X 上の同値関係を $\sim$ とし，同値関係 $\sim$ による商集合を $X/\sim$ とする．X から $X/\sim$ への写像 $\pi: X \to X/\sim$ を $\pi(a)=C(a)$ （a の同値類）と定める．π は全射である．この π を **商写像**（標準写像）という．

3.2 写像の合成

定義 3.2.1. 集合 X から Y への写像 $f: X \to Y$，集合 Y から Z への写像 $g: Y \to Z$ とする．任意の $x \in X$ に対して $(g \circ f)(x)=g(f(x))$ とおき，X から Z への写像 $g \circ f$ を定義し f と g との **合成** という．$g \circ f: X \to Z$ である．

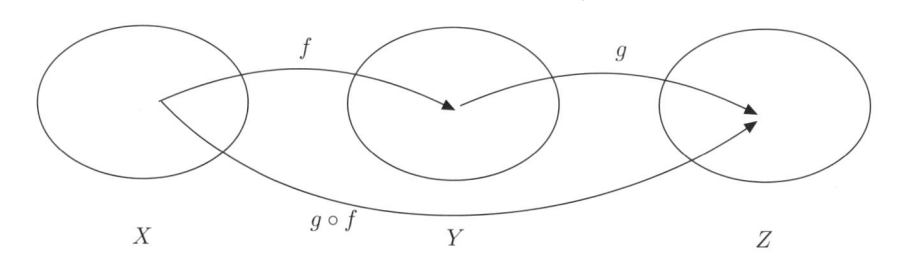

例 3.2.1. $f: \mathrm{R} \to \mathrm{R}$, $f(x) = 2x+1$ で $g: \mathrm{R} \to \mathrm{R}$, $g(x) = x^2$ とする.
(1) $g \circ f: \mathrm{R} \to \mathrm{R}$, $(g \circ f)(x) = (2x+1)^2$
(2) $f \circ g: \mathrm{R} \to \mathrm{R}$, $(f \circ g)(x) = 2x^2 + 1$

命題 3.2.1. 写像 $h: X \to Y, g: Y \to Z, f: Z \to W$ とする. このとき $(f \circ g) \circ h = f \circ (g \circ h)$ である.

証明. 任意の $x \in X$ に対して,

$$((f \circ g) \circ h)(x) = (f \circ g)(h(x)) = f(g(h(x))) = f((g \circ h)(x)) = (f \circ (g \circ h))(x)$$

となるから, $(f \circ g) \circ h = f \circ (g \circ h)$ である. □

命題 3.2.2. 写像 $g: X \to Y$, $f: Y \to Z$ とする. このとき
(1) f, g が単射ならば $f \circ g: X \to Z$ は単射である.
(2) f, g が全射ならば $f \circ g: X \to Z$ は全射である.
(3) f, g が全単射ならば $f \circ g: X \to Z$ は全単射である.

証明. (1) の証明. $x_1, x_2 \in X$ で $x_1 \neq x_2$ とする. g は単射だから $g(x_1) \neq g(x_2)$ である. また f は単射だから $f(g(x_1)) \neq f(g(x_2))$ である. ゆえに, $f \circ g$ は単射である.
(2) の証明. 任意の $z \in Z$ とする. f が全射だから $f(y) = z$ となる $y \in Y$ が存在する. この $y \in Y$ に対して g が全射だから $g(x) = y$ となる $x \in X$ が存在する. すると $(f \circ g)(x) = f(g(x)) = f(y) = z$ となり, $f \circ g$ は全射である.
(3) の証明. (1) と (2) より直ちに示せる. □

命題 3.2.3. 写像 $m: X \to Y$ とする．このとき (1) と (2) は同値である．
(1) m は単射である．
(2) 写像 $f: Z \to X$ と写像 $g: Z \to X$ が $m \circ f = m \circ g \Longrightarrow f = g$ である．

証明．(1) $\Longrightarrow$ (2) の証明．$m \circ f = m \circ g$ とする．任意の $z \in Z$ とする．$m(f(z)) = m(g(z))$ で m は単射だから $f(z) = g(z)$ である．ゆえに，$f = g$ を得る．
(1) $\Longleftarrow$ (2) の証明．対偶を示す．m は単射でないとする．$x_1, x_2 \in X$, $x_1 \neq x_2$ で $m(x_1) = m(x_2)$ となるものが存在する．集合 Z を $Z = \{x_1, x_2\}$ とおき，写像 f, g を $f(x_1) = x_1, f(x_2) = x_2$ および $g(x_1) = x_2, g(x_2) = x_1$ とおくと，$f \neq g$ である．また，

$$Z \underset{g}{\overset{f}{\rightrightarrows}} X \overset{m}{\to} Y$$

において，明らかに $m \circ f = m \circ g$ である． □

命題 3.2.4. 写像 $e: X \to Y$ とする．このとき (1) と (2) は同値である．
(1) e は全射である．
(2) 写像 $f: Y \to Z$ と写像 $g: Y \to Z$ が $f \circ e = g \circ e \Longrightarrow f = g$ である．

証明．(1) $\Longrightarrow$ (2) の証明．任意の $y \in Y$ に対して $f(y) = g(y)$ となることを示す．e が全射だから $e(x) = y$ となる $x \in X$ が存在する．
$f(y) = f(e(x)) = (f \circ e)(x) = (g \circ e)(x) = g(e(x)) = g(y)$ を得る．
(1) $\Longleftarrow$ (2) の証明．対偶を示す．e が全射でないとする．$y_0 \notin e(X) = \{e(x) \mid x \in X\}$ となる $y_0 \in Y$ が存在する．集合 Z を $Z = Y$ とおき，写像 $f: Y \to Z$ を恒等写像，すなわち $f(y) = y$ $(y \in Y)$ とおき，写像 $g: Y \to Z$ を

$$g(y) = \begin{cases} y & (y \neq y_0 \text{ のとき}) \\ e(x_0) & (y = y_0 \text{ のとき}) \end{cases}$$

とおく，ただし，$x_0 \in X$ は勝手に選んだ X の要素で良い．すると，$f \neq g$ であり，また

$$X \xrightarrow{e} Y \underset{g}{\overset{f}{\rightrightarrows}} Z$$

において $f \circ e = g \circ e$ である． □

命題 3.2.5. 写像 $g : X \to Y$，$f : Y \to Z$ とする．このとき
(1) $f \circ g : X \to Z$ が単射ならば g が単射である．
(2) $f \circ g : X \to Z$ が全射ならば f が全射である．

証明． (1) の証明．写像 $h : W \to X$，および写像 $k : W \to X$ が $g \circ h = g \circ k$ とする．$(f \circ g) \circ h = f \circ (g \circ h) = f \circ (g \circ k) = (f \circ g) \circ k$ であり $f \circ g$ が単射だから，命題 3.2.3 より $h = k$ となる．すると再び命題 3.2.3 より g は単射である． □

集合 X とする．X から X への写像 $1_X : X \to X$ を $1_X(x) = x$ $(x \in X)$ とおき，X 上の**恒等写像**という．

命題 3.2.6. X 上の恒等写像 $1_X : X \to X$ とする．
(1) 任意の写像 $f : X \to Y$ に対して，$f \circ 1_X = f$ である．
(2) 任意の写像 $f : Y \to X$ に対して，$1_X \circ f = f$ である．

定義 3.2.2. 写像 $f : X \to Y$ が全単射であるとき，任意の $y \in Y$ に対して $f(x) = y$ となる $x \in X$ が唯一つ存在する．$y \in Y$ に対してこの $x \in X$ を対応させる写像を $f^{-1} : Y \ni y \leadsto x \in X$ とおくと，Y から X への写像 $f^{-1} : Y \to X$ が定まる．写像 f^{-1} を f の**逆写像**という．

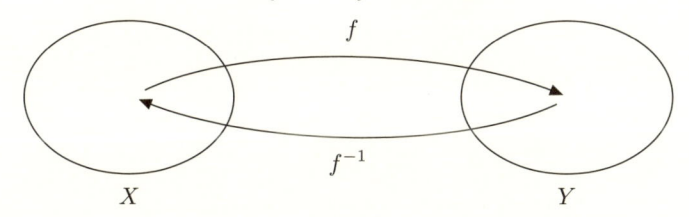

（注） 逆写像と，写像による集合の逆像とは概念が異なる．

例 3.2.2. $f : \mathbb{R} \ni x \rightsquigarrow 2x+1 \in \mathbb{R}$ とすると，f は全単射で $f^{-1}(x) = \frac{1}{2}(x-1), \quad (x \in \mathbb{R})$ である．

命題 3.2.7. 写像 $f : X \to Y$ を全単射とし，$f^{-1} : Y \to X$ を逆写像とする．$X \underset{f^{-1}}{\overset{f}{\rightleftarrows}} Y$，このとき $f^{-1} \circ f = 1_X$ であり $f \circ f^{-1} = 1_Y$ である．

命題 3.2.8. 写像 $f : X \to Y$ と $g : Y \to X$ が $g \circ f = 1_X$ で $f \circ g = 1_Y$ であるとする．このとき f は全単射で $g = f^{-1}$ である．

証明. $g \circ f = 1_X$ より $g \circ f$ は単射である．命題 3.2.3 より f は単射である．また $f \circ g = 1_Y$ より $f \circ g$ は全射である．命題 3.2.4 より f は全射である．したがって f は全単射である．

$f \circ g = 1_Y$ から $g = f^{-1} \circ (f \circ g) = f^{-1} \circ 1_Y = f^{-1}$ となる． □

命題 3.2.9. 写像 $g : X \to Y$ と $f : Y \to Z$ が全単射のとき，$f \circ g : X \to Z$ は全単射で $(f \circ g)^{-1} = g^{-1} \circ f^{-1}$ である．

証明. $g^{-1} \circ f^{-1} \circ f \circ g = g^{-1} \circ 1_Y \circ g = g^{-1} \circ g = 1_X$ である．同様に $f \circ g \circ g^{-1} \circ f^{-1} = 1_Z$ である．したがって $(f \circ g)^{-1} = g^{-1} \circ f^{-1}$ である． □

練習問題

(1) 集合 $X = \{1,2,3,4,5\}$，$Y = \{a,b,c,d\}$ とし，X から Y への写像 $f : X \to Y$ を $f(1) = b, f(2) = c, f(3) = d, f(4) = a, f(5) = b$ とする．X の部分集合 $A = \{1,2,3,4\} \subset X$，$Y$ の部分集合 $B = \{a,b,c\} \subset Y$ とする．次の各問に答えよ．

(i) f は全射であるが，単射ではないことを示せ．

(ii) $f(A)$ を求めよ．

(iii) $f^{-1}(B)$ を求めよ．

(2) 集合 $X = Y = \mathbb{R}$ とする．X から Y への写像 $f : X \to Y$ を $f(x) = x^2 + 2x$ とする．X の部分集合 $A = \{x \in X \mid 0 \leq x \leq 1\} \subset X$，$Y$ の部分集合 $B = \{y \in Y \mid 8 \leq y \leq 15\} \subset Y$ とおく．次の各問に答えよ．

(i) f は全射でも単射でもないことを示せ．

(ii) $f(A)$ を求めよ.

(iii) $f^{-1}(B)$ を求めよ.

(3) 集合 X から Y への写像 $f: X \to Y$ とし，$A \subset X$ とする．一般に $f(A^C) = f(X) \setminus f(A)$ が成り立つか．もし成り立てばその証明を，成り立たなければ反例をあげよ．

(4) 次の各全単射の逆写像を求めよ．

(i) 集合 $X = \{1, 2, 3, 4, 5\}$，$Y = \{a, b, c, d, e\}$ とし，X から Y への全単射 $f: X \to Y$ を $f(1) = b, f(2) = c, f(3) = d, f(4) = e, f(5) = a$ とする．$f^{-1}: Y \to X$ を求めよ．

(ii) $X = Y = \mathrm{R}$ とする．$f(x) = 3x - 5$，$(x \in X)$ とおく．$f^{-1}: Y \to X$ を求めよ．

(5) 写像 $g: X \to Y$，$f: Y \to Z$ において，$f \circ g: X \to Z$ が単射ならば g が単射になることは命題 3.2.5 で示した．f が単射でないが $f \circ g: X \to Z$ は単射になる例をあげよ．

第4章

濃度

　集合 X の要素の個数と集合 Y の要素の個数が等しいかどうかを確かめるためには，どうすればよいだろうか．普通は X と Y の要素の個数をそれぞれ数えて比較すればよいであろう．しかし，もし数を知らない場合や，集合の要素が無限個である場合にはどうすればよいだろうか．

　X から Y の上への 1 対 1 対応が存在すれば，X と Y の要素の「個数」は等しいと考えても良いであろう．このようにして有限個の場合の個数を無限個の場合にも拡張した概念が，濃度である．

4.1　濃度の基本

定義 4.1.1. 集合 X, Y とする．X から Y への全単射（上への 1 対 1 対応）が存在するとき，X と Y は**対等**である，または X と Y の**濃度は等しい**といい，$X \sim Y$ または $|X| = |Y|$ と書く．

命題 4.1.1. $\sim$ は同値関係である．すなわち X, Y, Z を集合とするとき，
 (1) $X \sim X$ である．
 (2) $X \sim Y$ ならば $Y \sim X$ である．
 (3) $X \sim Y$ で $Y \sim Z$ ならば $X \sim Z$ である．

証明． (1) $1_X : X \to X$ は全単射であるから $X \sim X$ である．
(2) $X \sim Y$ より全単射 $f : X \to Y$ が存在する．逆写像 $f^{-1} : Y \to X$ をと

ると，f^{-1} は全単射だから $Y \sim X$ である．
(3) $X \sim Y$ より全単射 $f: X \to Y$ が存在し，$Y \sim Z$ より全単射 $g: Y \to Z$ が存在する．$g \circ f: X \to Z$ は全単射だから $X \sim Z$ である． □

(注) この命題は，$|X| = |Y|$ における等号が，通常の等号の性質を満たすことを主張している．すなわち
(1) $|X| = |X|$ である．
(2) $|X| = |Y|$ ならば $|Y| = |X|$ である．
(3) $|X| = |Y|, |Y| = |Z|$ ならば $|X| = |Z|$ である．

問 4.1.1. 次のことを示せ．
(1) $A_1 \sim A_2$ で $B_1 \sim B_2$ ならば $A_1 \times B_1 \sim A_2 \times B_2$ である．
(2) $A_1 \sim A_2$，$B_1 \sim B_2$ で $A_1 \cap B_1 = \emptyset$，$A_2 \cap B_2 = \emptyset$ ならば $A_1 \cup B_1 \sim A_2 \cup B_2$ である．

(解) (1) $A_1 \sim A_2$ だから，単射 $f: A_1 \to A_2$ が存在する．同様に，$B_1 \sim B_2$ より単射 $g: B_1 \to B_2$ が存在する．そこで $A_1 \times B_1$ から $A_2 \times B_2$ への写像 h を次のように定義する．

各 $(a_1, b_1) \in A_1 \times B_1$ に対して，$h(a_1, b_1) = (f(a_1), g(b_1))$ とおく．h は全単射である．

h が単射であることを示す．$x = (a_1, b_1), y = (c_1, d_1) \in A_1 \times B_1$，$x \neq y$ とする．$x \neq y$ より $a_1 \neq c_1$ かまたは $b_1 \neq d_1$ である．$a_1 \neq c_1$ の場合は，$f: A_1 \to A_2$ が単射だから $f(a_1) \neq f(c_1)$ となる．したがって，$h(x) = (f(a_1), g(b_1)) \neq (f(c_1), g(d_1)) = h(y)$ となるから，h は単射である．$b_1 \neq d_1$ の場合も同様に示せる．

次に，h が全射であることを示す．任意の $z = (a_2, b_2) \in A_2 \times B_2$ とする．f は全射だから $f(a_1) = a_2$ となる $a_1 \in A_1$ が存在する．同様に，g は全射だから $g(b_1) = a_2$ となる $b_1 \in B_1$ が存在する．

$h(a_1, b_1) = (f(a_1), g(b_1)) = (a_2, b_2) = z$ となり，h は全射である．

したがって $A_1 \times B_1 \sim A_2 \times B_2$ であることが示せた．

(2) (1) と同様に 単射 $f: A_1 \to A_2$，単射 $g: B_1 \to B_2$ とする．$A_1 \cup B_1$

から $A_2 \cup B_2$ への写像 h を次のように定義する.

$$h(x) = \begin{cases} f(x) & (x \in A_1 のとき) \\ g(x) & (x \in B_1 のとき) \end{cases}$$

すると h が全単射であることが容易に示せるので, $A_1 \cup B_1 \sim A_2 \cup B_2$ である.

例 4.1.1. 自然数全体の集合 $N = \{1, 2, 3, \ldots\}$, 整数全体の集合 $Z = \{\ldots, -1, 0, 1, 2, \ldots\}$, 2 の倍数全体の集合 $2Z = \{\ldots, -2, 0, 2, 4, \ldots\}$ とする.
(1) $N \sim Z$
(2) $Z \sim 2Z$

(注) (1) を数式を使って証明するために, ガウス記号を説明する. 実数 x に対して

$$[x] = x \text{ 以下の整数の中で最大の整数} = \max\{n \in Z \mid n \leq x\}$$

とおき, $[\ ]$ をガウス記号という. たとえば $[2] = 2, [1.5] = 1, [-2.3] = -3$ となる.

また, $x \leq y$ ならば $[x] \leq [y]$ である.

証明. (1) の証明. $f(n) = (-1)^n [n/2], \quad (n \in N)$ とおくと $f : N \to Z$ は全単射である. 実際, 以下のようにして示せる.

任意の $y \in Z, y > 0$ に対して $n = 2y$ とおくと, $f(n) = (-1)^{2y}[2y/2] = y$ である. また $y \in Z, y < 0$ に対して $n = -2y + 1 \in N$ とおくと, $f(n) = (-1)^{-2y+1}[(-2y+1)/2] = -[-y+1/2] = y$ となる. したがって, f は全射である.

次に f が単射であることを示す. $n \in N$ が偶数ならば $f(n) > 0$ であり, $n \in N$ が奇数ならば $f(n) \leq 0$ であることに注意すると, $n, m \in N$, n が偶数で m が奇数ならば $f(n) \neq f(m)$ である.

$f(2n) = n < n + 1 = f(2n+2)$ であり, $f(2n+1) = -n > -n - 1 = f(2n+3)$ となるから f は単射である. したがって $N \sim Z$ である.

(2) の証明. 写像 $f : Z \ni n \rightsquigarrow 2n \in 2Z$ とおくと, f は全単射である. □

(**注**) (1) で定義した写像 f は, $f(1) = (-1)^1[1/2] = 0, f(2) = (-1)^2[2/2] = 1, f(3) = -1, \ldots$ である. $f(1), f(2), f(3), \ldots$ と順に並べると $0, 1, -1, 2, -2, 3, -3, 4, \ldots$ であり, 次の図のようになる.

$$
\begin{array}{ccccccccc}
\mathrm{N} & 1 & 2 & 3 & 4 & 5 & 6 & 7 & \cdots \\
f & \downarrow & \downarrow & \downarrow & \downarrow & \downarrow & \downarrow & \downarrow & \\
\mathrm{Z} & 0 & 1 & -1 & 2 & -2 & 3 & -3 & \cdots
\end{array}
$$

一般に集合 X が N と対等（濃度が等しい）になることを示すには, このように X のすべての要素を重複することなく一列に並べれば良い.

また $\mathrm{N} \subset \mathrm{Z}$ で, $\mathrm{N} \sim \mathrm{Z}$ となっているから, 無限集合はその部分集合と対等になることがある. これが無限集合の特徴である.

定義 4.1.2. N および N と同値な集合を**可算集合**といい, 可算集合の濃度を $\aleph_0$（アレフゼロとよぶ）とおく. 集合 X が有限集合または可算集合であるとき, X を**高々可算集合**という.

上の例で示したように $|\mathrm{N}| = |\mathrm{Z}| = \aleph_0$ である.

命題 4.1.2. 正の有理数全体の集合を Q_+, すなわち $Q_+ = \{n/m \mid m, n \in \mathrm{N}\}$ とおくと, Q_+ は可算集合である.

証明. まず正の有理数全体 Q_+ のすべての要素を（重複を許して）「平面上に」並べる. 第 1 行目には分子が 1 のもの, 第 2 行目には分子が 2 のもの, 順次このようにして「平面上に」おく. 次に図の矢印の順番で一列に並べる. ただし, $2/2 = 1$ のようにすでにその前に同じもの $1/1 = 1$ がでていたよう

な場合にはその要素はとばすことにする．

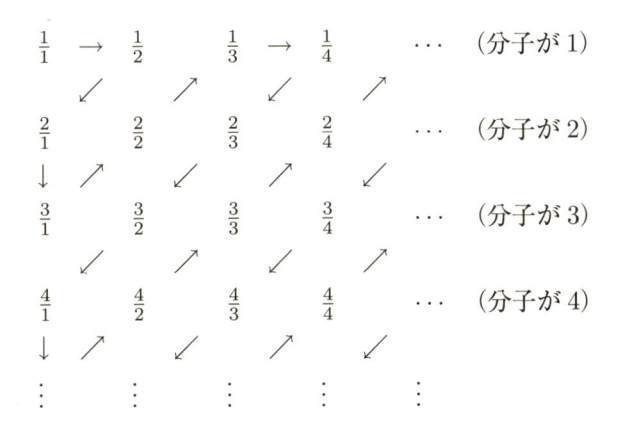

$$
\begin{array}{ccccccccc}
\frac{1}{1} & \to & \frac{1}{2} & & \frac{1}{3} & \to & \frac{1}{4} & \cdots & (\text{分子が }1) \\
& \swarrow & & \nearrow & & \swarrow & & \nearrow & \\
\frac{2}{1} & & \frac{2}{2} & & \frac{2}{3} & & \frac{2}{4} & \cdots & (\text{分子が }2) \\
\downarrow & \nearrow & & \swarrow & & \nearrow & & \swarrow & \\
\frac{3}{1} & & \frac{3}{2} & & \frac{3}{3} & & \frac{3}{4} & \cdots & (\text{分子が }3) \\
& \swarrow & & \nearrow & & \swarrow & & \nearrow & \\
\frac{4}{1} & & \frac{4}{2} & & \frac{4}{3} & & \frac{4}{4} & \cdots & (\text{分子が }4) \\
\downarrow & \nearrow & & \swarrow & & \nearrow & & \swarrow & \\
\vdots & & \vdots & & \vdots & & \vdots & &
\end{array}
$$

このように Q_+ の要素を一列に並べることができるので，Q_+ は可算集合である． □

命題 4.1.3. 可算集合の可算個の和集合は可算集合である．すなわち，各自然数 $n \in \mathrm{N}$ に対して X_n を可算集合とする．このとき，$X = \bigcup_{n \in \mathrm{N}} X_n$ は可算集合である．

特に，$|X| = |Y| = \aleph_0$ ならば $|X \cup Y| = \aleph_0$ である．

証明． X_n は可算集合だから $X_n = \{x_{n1}, x_{n2}, \ldots, x_{nm}, \ldots\}$ とおくことができる．$X = \bigcup_{n \in \mathrm{N}} X_n$ のすべての要素を（重複を許して）「平面上に」並べる．第 1 行目には集合 X_1 の要素，第 2 行目には集合 X_2 の要素，順次このようにして「平面上に」おく．次に図の矢印の順番で一列に並べる．ただし，

以前に同じものがすでにでていた場合にはその要素はとばすことにする．

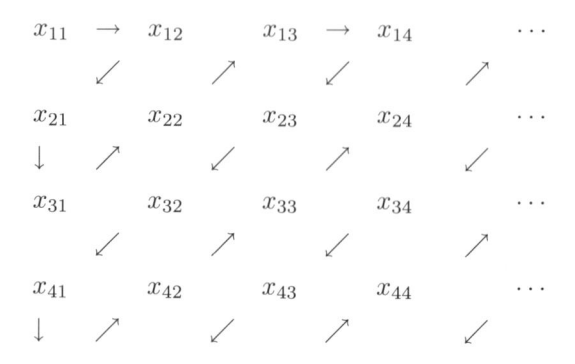

$$
\begin{array}{ccccccc}
x_{11} & \to & x_{12} & & x_{13} & \to & x_{14} & \cdots \\
& \swarrow & & \nearrow & & \swarrow & & \nearrow \\
x_{21} & & x_{22} & & x_{23} & & x_{24} & \cdots \\
\downarrow & \nearrow & & \swarrow & & \nearrow & & \swarrow \\
x_{31} & & x_{32} & & x_{33} & & x_{34} & \cdots \\
& \swarrow & & \nearrow & & \swarrow & & \nearrow \\
x_{41} & & x_{42} & & x_{43} & & x_{44} & \cdots \\
\downarrow & \nearrow & & \swarrow & & \nearrow & & \swarrow \\
\end{array}
$$

このように $\bigcup_{n\in\mathbb{N}} X_n$ のすべての要素を一列に並べることができるので，$X = \bigcup_{n\in\mathbb{N}} X_n$ は可算集合である． □

命題 4.1.4. 有理数全体の集合 $\mathrm{Q} = \{n/m \mid m, n \in \mathbb{N}\}$ は可算集合である．すなわち $|\mathrm{Q}| = \aleph_0$ である．

証明． $\mathrm{Q}_- = \{x \in \mathrm{Q} \mid x < 0\}$ とおくと，$\mathrm{Q}_+ \sim \mathrm{Q}_-$ だから Q_- は可算集合である．また $\mathrm{Q} = \{0\} \cup \mathrm{Q}_+ \cup \mathrm{Q}_-$ だから Q は可算集合である． □

（注） 数直線上に整数を表示すると整数全体 $\mathbb{Z}$ は離散的であり，一方，有理数を数直線上に表示すると，有理数全体 Q は数直線上で隙間がないほどたくさんあるにもかかわらず $\mathbb{Z}$ と同じく可算集合であることに注意する必要がある．

4.2 濃度の大小

本節では，濃度の大小関係を定義し，個数の大小関係と類似の性質をもつことを示す．

定義 4.2.1. 集合 X, Y とする．X から Y への単射 $f : X \to Y$ が存在するとき，$|X| \leq |Y|$ と書く．

4.2. 濃度の大小

命題 4.2.1. X, Y, Z を集合とする.
(1) $X \subset Y$ ならば $|X| \leq |Y|$ である. 特に, $|X| \leq |X|$ である.
(2) $|X| \leq |Y|, |Y| \leq |Z|$ ならば $|X| \leq |Z|$ である.

証明. (1) の証明. 写像 $f : X \to Y$ を, 各 $x \in X$ に対して $f(x) = x \in Y$ と定める. 明らかに, f は単射であるから $|X| \leq |Y|$ である.
(2) の証明. $|X| \leq |Y|$ だから, X から Y への単射 f が存在する. 同様に, $|Y| \leq |Z|$ だから, Y から Z への単射 $g : Y \to Z$ が存在する. 単射の合成は単射だから, $g \circ f : X \to Z$ は単射である. したがって, $|X| \leq |Z|$ である. □

数(個数)の大小関係については, 上の命題に加えて重要な性質が成り立つ. 濃度に関しても同様なことが成り立つことを示す.

定理 4.2.1. (ベルンシュタインの定理) 集合 X, Y とする. このとき X から Y への単射があり, かつ Y から X への単射が存在すれば $X \sim Y$ である. すなわち $|X| \leq |Y|$ かつ $|Y| \leq |X|$ ならば $|X| = |Y|$ である.

証明. 単射 $f : X \to Y$ と単射 $g : Y \to X$ のいずれかが全射であるとすると, $|X| = |Y|$ となり定理の結論は明らかとなるから, f も g も全射ではないとする.

集合 X と Y とを以下のようにそれぞれいくつかの部分集合の和集合に分割し, そのことを利用して全単射を構成する.

(1) $X_n \subset X$ $(n = 0, 1, 2, \ldots)$ を構成する. $X_0 = X \backslash g(Y), Y_0 = Y \backslash f(X)$ とおく. f, g は全射でないから $X_0 \neq \emptyset, Y_0 \neq \emptyset$ である. $X_1 = g(Y_0), Y_1 = f(X_0)$ とおく. 明らかに $X_0 \cap X_1 = \emptyset, Y_0 \cap Y_1 = \emptyset$ である. さらに $X_2 = g(Y_1) \subset g(Y), Y_2 = f(X_1) \subset f(X)$ とおくと, f, g は単射だから $X_1 \cap X_2 = \emptyset, Y_1 \cap Y_2 = \emptyset$ である.

この操作を次々と繰り返して $X_{n+1} = g(Y_n), Y_{n+1} = f(X_n)$ $(n = 0, 1, 2, \ldots)$ とおくと, f, g が単射であることより $n \neq m \Longrightarrow X_n \neq X_m, Y_n \neq Y_m$ である.

(2) $X_\infty = X \setminus \bigcup_{n=0}^\infty X_n$, $Y_\infty = Y \setminus \bigcup_{n=0}^\infty Y_n$ とおく．すると明らかに $X = \bigcup_{n=0}^\infty X_n \cup X_\infty$, $Y = \bigcup_{n=0}^\infty Y_n \cup Y_\infty$ となり，しかも X の分割および Y の分割となっている．

(3) X から Y への全単射 $h : X \to Y$ を次のように構成する．$g : Y \to X$ は単射で $g(Y_{n-1}) = X_n\, (n = 1, 2, \ldots)$ だから集合 X_n から集合 Y_{n-1} への逆写像が存在する．とくに n が奇数のときの逆写像を $g_n^{-1} : X_n \to Y_{n-1}$ とおく．そこで

$$h(x) = \begin{cases} f(x) & (x \in X_n で n が偶数のとき) \\ g_n^{-1}(x) & (x \in X_n で n が奇数のとき) \\ f(x) & (x \in X_\infty のとき) \end{cases}$$

とおくと，明らかに $h : X \to Y$ は全単射である．したがって $|X| = |Y|$ が示せた．　□

上記の 2 つの命題を整理すると，以下のとおり個数の大小関係と同じ定理が成り立つ．

定理 4.2.2. X, Y, Z を集合とする．
(1) $X \subset Y$ ならば $|X| \leq |Y|$ である．特に，$|X| \leq |X|$ である．
(2) $|X| \leq |Y|, |Y| \leq |Z|$ ならば $|X| \leq |Z|$ である．
(3) $|X| \leq |Y|$ かつ $|Y| \leq |X|$ ならば $|X| = |Y|$ である．

系 4.2.1. 集合 X, Y, Z とする．$|X| \leq |Y|, |Y| \leq |Z|$ で，$|X| = |Z|$ ならば $|X| = |Y| = |Z|$ である．

証明． $|Y| \leq |Z|$ より，単射 $f : Y \to Z$ が存在する．また $|X| = |Z|$ より，全単射 $g : Z \to X$ が存在する．f と g が単射だから $g \circ f : Y \to X$ は単射である．ゆえに $|Y| \leq |X|$ となる．また，仮定 $|X| \leq |Y|$ とあわせて $|X| = |Y|$ を得る．　□

系 4.2.2. 集合 $X \subset Y \subset Z$ とする．$X \sim Z$ ならば $X \sim Y \sim Z$ である．

証明． すぐ前の系より直ちに示せるが，直接証明してみる．$X \sim Z$ より，全単射 $f : Z \to X$ が存在する．この写像 f の定義域を Y に制限したもの

を $g : Y \to X$ とする．すなわち $g(y) = f(y) \ (y \in Y)$ とする．f が単射だから g は単射である．したがって，$|Y| \leq |X|$ となる．一方 $X \subset Y$ より $|X| \leq |Y|$ であるから，$|X| = |Y|$ である．　　　□

命題 4.2.2. 集合 X が無限集合ならば $\aleph_0 \leq |X|$ である．すなわち，無限集合のなかでは可算集合の濃度が最小である．

証明. X が空集合でないから X の要素が存在する．その一つを x_1 とする．集合 X は無限集合だから集合 $X \setminus \{x_1\}$ は空集合ではない．実際，$X \setminus \{x_1\}$ が空集合とすると $X = \{x_1\}$ となり，X は 1 個の要素からなる有限集合となり，X が無限集合であることに反する．

集合 $X \setminus \{x_1\}$ が空集合でないから $X \setminus \{x_1\}$ の要素が存在する．その一つを x_2 とする．同様にして，集合 $X \setminus \{x_1, x_2\}$ は空集合ではないから $x_3 \in X \setminus \{x_1, x_2\}$ が存在する．

次々とこの操作を繰り返すことにより $\{x_1, x_2, \ldots, x_n, \ldots\} \subset X$ が存在する．したがって，写像 $f : \mathrm{N} \to X$ を $f(n) = x_n \ (n \in \mathrm{N})$ とおくと，f は単射だから $\aleph_0 = |\mathrm{N}| \leq |X|$ を得る．　　　□

(注) この定理の証明には，**選択公理**が使われている．$x_1, x_2, \ldots$ の選び方において，一斉に選ぶ選び方を指定しているわけではないところに，選択公理が使用されている．通常の数学においては選択公理は仮定するのが普通であるので，本書でも選択公理は以後も使用する．

この命題を使うことにより，次の命題で示すように，無限集合に高々可算集合を付け加えてもあるいは取り去っても，濃度は変わらないことがわかる．

命題 4.2.3. X を無限集合とし，Y を高々可算集合とする．このとき $|X| = |X \cup Y|$ である．

証明. (1) Y を高々可算集合とし $Y \cap X = \emptyset$ とする．X は無限集合だから，X の部分集合で可算集合である $A \subset X$ が存在する．可算集合と高々可算集合の和集合は可算集合だから $A \cup Y$ は可算集合である．$|A| = |A \cup Y| = \aleph_0$ である．したがって，A から $A \cup Y$ への全単射 $g : A \to A \cup Y$ が存在する．

X から $X \cup Y$ への写像 f を次のようにおく．

$$f(x) = \begin{cases} g(x) & (x \in A \text{のとき}) \\ x & (x \notin A \text{のとき}) \end{cases}$$

この写像 f は全単射であることが示せるから $|X| = |X \cup Y|$ を得る． □

定義 4.2.2. 集合 X, Y とする．$|X| \leq |Y|$ でかつ $|X| \neq |Y|$ のとき，Y の**濃度**は X の**濃度より大きい**といい $|X| < |Y|$ と書く．

例 4.2.1. 区間 $(0,1) = \{x \in \mathrm{R} \mid 0 < x < 1\}$ の濃度は $\aleph_0$ より大きい．すなわち，$\aleph_0 < |(0,1)|$ である．

証明． 区間 $(0,1)$ は無限集合だから命題 4.2.2 より $\aleph_0 \leq |(0,1)|$ である．

次に $\aleph_0 \neq |(0,1)|$ となることを背理法により示そう．

実数 $0 < x < 1$ を 10 進法の小数で表わすこととする．ただし有限小数で表示できる実数については，たとえば $0.2830000\cdots = 0.282999\cdots$，のように 2 通りの表示法があるが，ここでは前者の $0.283000\cdots$ のように表わすものとする．

集合 $(0,1)$ が可算集合と仮定し，集合 $(0,1)$ の要素を一列 $(0,1) = \{x_1, x_2, x_3, \ldots\}$ に並べる．各数を 10 進法で以下のように表わす．

$$x_1 = 0.x_{11}x_{12}x_{13}\cdots x_{1n}\cdots$$
$$x_2 = 0.x_{21}x_{22}x_{23}\cdots x_{2n}\cdots$$
$$\vdots$$
$$x_n = 0.x_{n1}x_{n2}x_{n3}\cdots x_{nn}\cdots$$
$$\vdots$$

そこで，y_n を以下のように定める．

$$y_n = \begin{cases} 1 & (x_{nn} \text{が偶数のとき}) \\ 2 & (x_{nn} \text{が奇数のとき}) \end{cases}$$

$y = 0.y_1y_2\cdots y_n\cdots$ とおくと，$y \in (0,1)$ である．一方どの x_n とも n 桁目が異なるので $y \neq x_n$ だから $y \notin \{x_1, x_2, x_3, \ldots\} = (0,1)$ となる．これは矛盾である．したがって，$(0,1)$ は可算集合ではない． □

4.2. 濃度の大小

(**注**) y は，x_1 とは 1 番目の桁が異なるように，x_2 とは 2 番目の桁が異なるように，一般に x_n とは n 番目の桁が異なるように作り，その結果としてどの x_n とも異なる実数 y を作っている．このような論法をカントールの**対角線論法**という．

例 4.2.2. 実数の集合 R と区間 $(0,1)$ は対等である．すなわち，$|\mathrm{R}| = |(0,1)|$ である．

証明． まず $(0,1) \sim (-1,1)$ であることを示す．

関数 $g(x) = 2(x - \frac{1}{2})$ $(0 < x < 1)$ とおく．$g : (0,1) \to (-1,1)$ は全単射であるから $(0,1) \sim (-1,1)$ となる．

次に，$(-1,1) \sim \mathrm{R}$ を示す．関数 $f(x) = \dfrac{-x}{(x+1)(x-1)}$ $(-1 < x < 1)$ とおくと，$f : (-1,1) \to \mathrm{R}$ は全単射であることが，$f(x)$ のグラフを描くことによりわかる．したがって，$(-1,1) \sim \mathrm{R}$ である．

ゆえに，$(0,1) \sim (-1,1) \sim \mathrm{R}$ を得る． □

区間は有限区間，無限区間すべて実数全体 R と濃度が等しいことがわかる．

命題 4.2.4. $a, b \in \mathrm{R}, a < b$ とする．$|\mathrm{R}| = |(a,b)| = |[a,b]| = |(a,b]| = |[a,b)| = |(a,\infty)| = |(-\infty,a)|$

集合 X に対して X の部分集合全体からなる集合を $\mathfrak{B}(X)$ または 2^X と書き，X の**べき集合**という．

例 4.2.3. $X = \{1, 2, 3\}$ とおく．$\mathfrak{B}(X)$ を求めよ．

(**解**) $\mathfrak{B}(X) = \{\emptyset, \{1\}, \{2\}, \{3\}, \{1,2\}, \{1,3\}, \{2,3\}, X\}$ である．べき集合 $\mathfrak{B}(X)$ の要素の個数は $2^3 = 8$ 個である．

問 4.2.1. X を有限集合としその個数（濃度）を n とする．このとき X のべき集合 $\mathfrak{B}(X)$ の個数（濃度）は $|\mathfrak{B}(X)| = 2^n$ となることを示せ．したがって $|X| < |\mathfrak{B}(X)|$ である．

次の命題は集合が有限集合，無限集合のいずれの場合も，べき集合の濃度がもとの集合の濃度より真に大きいことを述べている．したがって，その命題を使うことにより，いくらでも濃度の大きい集合を作ることができることを主張している．

命題 4.2.5. 集合 X とすると，$|X| < |\mathfrak{B}(X)|$ である．

証明． X から $\mathfrak{B}(X)$ への写像を $X \ni x \rightsquigarrow \{x\} \in \mathfrak{B}(X)$ とおくと，明らかにこの写像は単射である．したがって $|X| \leq |\mathfrak{B}(X)|$ である．

次に $|X| \neq |\mathfrak{B}(X)|$ であることを背理法で示す．$|X| = |\mathfrak{B}(X)|$ であると仮定する．すなわち，全単射 $f : X \to \mathfrak{B}(X)$ が存在するとする．

X の部分集合 A を $A = \{x \in X \,|\, x \notin f(x)\}$ とおく．f は全射だから，$f(x_0) = A$ となる $x_0 \in X$ が存在する．

ところで，$x_0 \in A$ とすると，A の定義より $x_0 \notin f(x_0)$ となり $f(x_0) = A$ だから $x_0 \notin A$ である．

また，$x_0 \notin A$ とすると A の定義より $x_0 \in f(x_0) = A$ となり $x_0 \in A$ となる．すなわち

$$x_0 \in A \Longrightarrow x_0 \notin A$$
$$x_0 \notin A \Longrightarrow x_0 \in A$$

となり矛盾である． $\square$

(注) この証明の中で，部分集合 A の作り方が理解しにくいかもしれないので，X が有限集合で X から $\mathfrak{B}(X)$ への写像 $f : X \to \mathfrak{B}(X)$ が具体的に与えられている場合に，集合 A を作ってみる．

例 4.2.4. $X = \{1,2,3,4\}$ とし，写像 $f : X \to \mathfrak{B}(X)$ を以下のように定める．

$f(1) = \{2,3\}, f(2) = \{1,2,4\}, f(3) = \{1,4\}, f(4) = \{1,2,3,4\}$ とおく．$A = \{x \in X \,|\, x \notin f(x)\}$ とおくとき，A を書き下せ．

(解) $1 \notin \{2,3\} = f(1)$ だから $1 \in A$ である．$2 \in \{1,2,4\} = f(2)$ だから $2 \notin A$ である．同様に考えて $3 \in A, 4 \notin A$ である．整理すると $A = \{1,3\}$ となる．また $f(x) = A$ となる $x \in X$ が存在しないことに注意すること．

命題 4.2.5 の本質的な部分は，X から $\mathfrak{B}(X)$ へのどんな写像も全射にはならないことである．

自然数の集合 $N = \{1, 2, \ldots\}$ のべき集合 $\mathfrak{B}(N)$ の濃度を $\mathfrak{c}$ または $\aleph$ と書き，連続の濃度という．

命題 4.2.6. $0, 1$ の無限列全体の集合を $\{0,1\}^N$，すなわち $\{0,1\}^N = \{(x_1, x_2, x_3, \ldots, x_n, \ldots) \mid x_i = 0, 1\}$ とおく．このとき $\{0,1\}^N \sim \mathfrak{B}(N)$，$|\{0,1\}^N| = \mathfrak{c}$ である．

証明. $x = (x_1, x_2, x_3, \ldots, x_n, \ldots) \in \{0,1\}^N$ に対して，N の部分集合を $\{n \in N \mid x_n = 1\}$ とおき，これを $f(x)$ とする．たとえば，$x = (1, 0, 0, 1, 1, 0, 0, 0, \ldots) \in \{0,1\}^N$ に対しては $f(x) = \{1, 4, 5\} \subset N$ である．すると $f : \{0,1\}^N \to \mathfrak{B}(N)$ であり，明らかに f は全単射である．したがって，$\{0,1\}^N \sim \mathfrak{B}(N)$ である． □

(注) この対応は $x = (x_1, x_2, x_3, \ldots, x_n, \ldots) \in \{0,1\}^N$ を集合の定義関数（特性関数）とみなした対応である．次の定理では $\{0,1\}^N$ と $\mathfrak{B}(N)$ とを同一視している．

次に区間 $(0, 1]$ が $|\{0,1\}^N| = |(0,1]| = \aleph$ となることを示すために，集合の直和や 2 進数などの準備をする．

(準備)

集合 $X = A \cup B$ が $A \cap B = \emptyset$ であるとき，集合 X は A と B の**直和**であるといい，直和であることを明記するために $X = A \sqcup B$ とも書くことがある．

また，2 つの集合 A, B が与えられているとき，A と B との共通部分が空集合であるとして，形式的にその和集合 $X = A \cup B$ を考えたとき，集合 X を A と B の直和という．

正の実数 $0 < a \in R$ に対して，その **2 進数表示**
$a = a_n a_{n-1} \cdots a_1 a_0 . a_{-1} a_{-2} \cdots a_m \cdots_{(2)}$（ここで $a_i = 0, 1$）を

$$a = a_n a_{n-1} \cdots a_1 a_0 . a_{-1} a_{-2} \cdots a_m \cdots_{(2)}$$
$$= a_n 2^n + a_{n-1} 2^{n-1} + \cdots + a_1 2^1 + a_0 2^0 + a_{-1} 2^{-1} + a_{-2} 2^{-2} + \cdots$$

と定義する．添え字の $_{(2)}$ は 2 進法で表現していることを意味する．

例 4.2.5. 次の 2 進数表示した数が正しいことを確かめよ．

(1)　$137 = 10001001_{(2)}$

(2)　$0.8125 = 0.1101_{(2)}$

(3)　$1/3 = 0.333\cdots = 0.01010101\cdots_{(2)} = 0.0\dot{1}_{(2)}$

(4)　$0.5 = 0.1_{(2)} = 0.0111111\cdots_{(2)} = 0.0\dot{1}_{(2)}$

ここで，上付きのドット˙は循環して繰り返すことを意味する．

(解)　(1) $10001001_{(2)} = 1 \times 2^7 + 0 \times 2^6 + \cdots + 1 \times 2^3 + \cdots + 1 \times 2^0 = 137$

(2) $0.1101_{(2)} = 1 \times 2^{-1} + 1 \times 2^{-2} + 0 \times 2^{-3} + 1 \times 2^{-4} = 0.8125$

(3) $0.0101\cdots_{(2)} = 2^{-2} + 2^{-4} + 2^{-6} + \cdots = 2^{-2}\frac{1}{1-2^{-2}} = \frac{1}{3}$

(4) $0.1_{(2)} = 1 \times 2^{-1} = 0.5$ であり，また

$0.0111\cdots_{(2)} = 2^{-2} + 2^{-3} + \cdots = 2^{-2}\frac{1}{1-2^{-1}} = \frac{1}{2} = 0.5$ である．

問 4.2.2. 次の 10 進法で表わした数を 2 進法で表わせ．

(1) 365

(2) 0.625

　この例で見られるように実数を 2 進法で表わしたとき，10 進法の場合と同じように有限（小数）で表わされるものや無限（小数）で表わされるもの，無限（小数）の場合でも循環（小数）で表わされるもの・表わされないものなどがある．

　また $0.101_{(2)} = 0.1001111\cdots_{(2)} = 0.100\dot{1}_{(2)}$ のように有限（小数）を循環無限（小数）でも表わすことができる．**（準備終わり）**

　半開区間 $(0,1]$ の濃度が $|(0,1]| = |\{0,1\}^{\mathbb{N}}|$ であることを証明するために，次の定理の証明の中では実数 $0 < a \leq 1$ の 2 進法による表現を以下のように定める．これは $(0,1]$ の要素の 2 進法表現の一意性を保証するためである．

　有限小数 $a = 0.a_1a_2\cdots a_{n-1}a_n 0000\cdots_{(2)}$ $(a_n = 1)$ とするとき．a は循環（小数）$a = 0.a_1a_2\cdots a_{n-1}0111\cdots_{(2)}$ と表示することにする．

命題 4.2.7. 半開区間 $(0,1]$ と $0,1$ の無限列全体の集合 $\{0,1\}^{\mathbb{N}}$ とは対等である．すなわち $|(0,1]| = |\{0,1\}^{\mathbb{N}}|$ である．

証明.　実数 $0 \leq x \leq 1$ で $x = x_1 2^{-1} + x_2 2^{-2} + \cdots + x_n 2^{-n}$, $x_1, x_2, \ldots, x_n =$

0,1 と表わされるもの，すなわち 2 進法表示で有限（小数）となる有理数全体からなる集合を $B \subset [0,1]$ とする．半開区間 $(0,1]$ と B との直和 $(0,1] \sqcup B$ を考える．

(1) $|\{0,1\}^{\mathbb{N}}| = |(0,1] \sqcup B|$ を示す．

$\{0,1\}^{\mathbb{N}}$ から $(0,1] \sqcup B$ への写像 $f : \{0,1\}^{\mathbb{N}} \to (0,1] \sqcup B$ を次のように定める．$x = (x_1, x_2, \ldots, x_n, \ldots) \in \{0,1\}^{\mathbb{N}}$ がある番号から先はすべて 0 である場合，すなわち $x = (x_1, x_2, \ldots, x_n, 0, 0, 0, \ldots)$ のときは，

$$f(x) = 0.x_1 x_2 \cdots x_{n(2)} = x_1 2^{-1} + x_2 2^{-2} + \cdots + x_n 2^{-n} \in B$$

とおく．$x = (x_1, x_2, \ldots, x_n, \ldots) \in \{0,1\}^{\mathbb{N}}$ がそうでない場合，すなわち $\{n \mid x_n = 1\}$ が無限集合となるときは

$$f(x) = 0.x_1 x_2 \cdots x_n \cdots_{(2)} = x_1 2^{-1} + \cdots + x_n 2^{-n} + \cdots \in (0,1]$$

とおく．この f は全単射であるから $|\{0,1\}^{\mathbb{N}}| = |(0,1] \sqcup B|$ である．

(2) 集合 B は可算集合だから命題 4.2.3 により，$|(0,1]| = |(0,1] \sqcup B|$ である．したがって，$|(0,1]| = |\{0,1\}^{\mathbb{N}}|$ が示せた． □

問 4.2.3. 上の証明で作った写像を f とするとき，次の各 $x \in \{0,1\}^{\mathbb{N}}$ に対して $f(x) \in (0,1] \sqcup B$ は何になるか答えよ．

(1) $x = (1,1,0,1,0,0,0,0,\ldots)$
(2) $x = (0,1,0,1,0,1,0,1,\ldots)$
(3) $x = (1,1,1,1,1,1,1,1,\ldots)$
(4) $x = (0,0,0,0,0,0,0,0,\ldots)$
(5) $x = (1,0,0,0,0,0,0,0,\ldots)$
(6) $x = (0,1,1,1,1,1,1,1,\ldots)$

(解) (1) x は第 5 成分から先はすべて 0 だから $f(x) = 0.1101_{(2)} = 1 \times 2^{-1} + 1 \times 2^{-2} + 0 \times 2^{-3} + 1 \times 2^{-4} = 13/16 \in B \subset (0,1] \sqcup B$ である．

(2) $f(x) = 0.0101\cdots_{(2)} = 2^{-2} + 2^{-4} + 2^{-6} + \cdots = 2^{-2} \frac{1}{1-2^{-2}} = \frac{1}{3}$ より $f(x) = 1/3 \in (0,1] \subset (0,1] \sqcup B$ である．

(3) $f(x) = 0.11111\cdots_{(2)} = 2^{-1} + 2^{-2} + 2^{-3} + \cdots = 1 \in (0,1]$

(4) $f(x) = 0 \in B \subset (0,1] \sqcup B$
(5) $f(x) = 2^{-1} = 0.5 \in B \subset (0,1] \sqcup B$
(6) $f(x) = 0.011111\cdots_{(2)} = 2^{-2} + 2^{-3} + 2^{-4} + \cdots = 1/2 = 0.5 \in (0,1] \subset (0,1] \sqcup B$ である．

この問で $f(x)$ の「値」としては同じでも，行き先が違うようにして f が単射となるように $(0,1] \sqcup B$ を作っていることに注意してほしい．

実際，単に写像 $f : \{0,1\}^{\mathrm{N}} \to (0,1]$ として

$$f(x) = 0.x_1 x_2 \cdots x_n \cdots_{(2)} = x_1 2^{-1} + \cdots + x_n 2^{-n} + \cdots$$

とすると，$x = (1,0,0,0,0,0,0,0,\ldots), y = (0,1,1,1,1,1,1,1,\ldots) \in \{0,1\}^{\mathrm{N}}$ なる $x \neq y$ に対して $f(x) = f(y) = 0.5$ となり単射にはならない．

$|\{0,1\}^{\mathrm{N}}| = |(0,1]| = |\mathrm{R}|$ より，次の定理が得られる．

定理 4.2.3. 実数全体の集合 R の濃度は $|\mathrm{R}| = |\mathfrak{B}(\mathrm{N})| = \aleph$ である．

命題 4.2.8. 集合 $\mathrm{R}^2 = \mathrm{R} \times \mathrm{R} = \{x = (x_1, x_2) \,|\, x_1, x_2 \in \mathrm{R}\}$ は実数の集合 R と対等である．すなわち $\mathrm{R}^2 \sim \mathrm{R}$ である．

証明． N の部分集合を $\mathrm{N}_1 = \{n \in \mathrm{N} \,|\, n \text{ は奇数}\} = \{1,3,5,\ldots\}$，$\mathrm{N}_2 = \{n \in \mathrm{N} \,|\, n \text{ は偶数}\} = \{2,4,6,\ldots\}$ とおく．$\mathrm{N} = \mathrm{N}_1 \cup \mathrm{N}_2$ で $\mathrm{N}_1 \cap \mathrm{N}_2 = \emptyset$ であり，$\mathrm{N} \sim \mathrm{N}_1 \sim \mathrm{N}_2$ である．

すると，$\mathfrak{B}(\mathrm{N}) \sim \mathfrak{B}(\mathrm{N}_1) \sim \mathfrak{B}(\mathrm{N}_2)$ となる．また，$\mathrm{R} \sim \mathfrak{B}(\mathrm{N})$ だから $\mathrm{R}^2 = \mathrm{R} \times \mathrm{R} \sim \mathfrak{B}(\mathrm{N}_1) \times \mathfrak{B}(\mathrm{N}_2)$ である．したがって，$\mathfrak{B}(\mathrm{N}) \sim \mathfrak{B}(\mathrm{N}_1) \times \mathfrak{B}(\mathrm{N}_2)$ を示せばよい．

$A \in \mathfrak{B}(\mathrm{N})$，すなわち $A \subset \mathrm{N}$ に対して，$\mathfrak{B}(\mathrm{N}_1) \times \mathfrak{B}(\mathrm{N}_2)$ の要素 $f(A)$ を $f(A) = (A \cap \mathrm{N}_1, A \cap \mathrm{N}_2)$ とおく．すなわち，写像 $f : \mathfrak{B}(\mathrm{N}) \ni A \rightsquigarrow (A \cap \mathrm{N}_1, A \cap \mathrm{N}_2) \in \mathfrak{B}(\mathrm{N}_1) \times \mathfrak{B}(\mathrm{N}_2)$ とおく．明らかに f は全単射である．ゆえに，$\mathfrak{B}(\mathrm{N}) \sim \mathfrak{B}(\mathrm{N}_1) \times \mathfrak{B}(\mathrm{N}_2)$ である． □

この命題は図形的には平面を表す R^2 と数直線を表す R との濃度（「個数」）とが同じであることを意味しており，我々のもつ素朴な直感とは反した結果

である．集合論の創始者のカントールも当初は，R^2 の濃度が R の濃度より大きいと予想していたが，予想に反した結果を証明してしまい，証明しながらも意外な気がしたようである．

練習問題

(1) X を有限集合としその個数（濃度）を n とする．このとき X のべき集合 $\mathfrak{B}(X)$ の個数（濃度）は $|\mathfrak{B}(X)| = 2^n$ となることを示せ．

(2) $X = \{1, 2, 3, 4, 5\}$ とし，写像 $f : X \to \mathfrak{B}(X)$ を以下のように定める．

$f(1) = \{2, 3\}, f(2) = \{2, 4\}, f(3) = \{3, 4, 5\}, f(4) = \{1, 2, 4, 5\}, f(5) = \{1, 2, 3\}$ とおく．$A = \{x \in X \mid x \notin f(x)\}$ とおくとき，A を書き下せ．

(3) $a < b$ とする．$|(a, b)| = |(0, 1)| = \aleph$ となることを示せ．

(4) 次の 10 進法で表わした数を 2 進法で表わせ．

　(i) 365

　(ii) 0.625

(5) 命題 4.2.7 の証明で作った写像 f とする．次の各 $x \in \{0, 1\}^N$ に対して $f(x) \in (0, 1] \sqcup B$ は何になるか答えよ．

　(i) $x = (1, 0, 1, 0, 1, 0, 1, 0, \cdots)$

　(ii) $x = (1, 1, 1, 0, 0, 0, 0, 0, \cdots)$

第5章

1次元ユークリッド空間 R

　この章では距離空間の中でも重要な1次元のユークリッド空間を扱う．1次元のユークリッド空間とは，実数全体の集合 R（幾何的には数直線）に絶対値で「距離」を与えたものであり，幾何的には数直線において2点間の長さを考えたものである．

　その距離を使って $\epsilon - \delta$ 論法などにより収束性などの議論を行うことは，微積分を厳密に取り扱うためには必要不可欠である．また，実数の部分集合に対してその集合の触点や集積点の議論，有界閉区間上の連続関数のさまざまな性質を述べる．

5.1　実数

　この節では，有理数全体から実数全体がどのように構成されるかということは割愛して，実数の存在（実数全体の存在）そのものは仮定する．その上で実数の足し算・掛け算と大小関係，実数列の収束性，部分集合の上界・下界の問題，実数の連続性・完備性とよばれる性質，区間縮小法，などについて述べる．その中にはすでに読者が中学校・高校で学び，知識としては良く知っているものも含まれているが，公理的な観点から記述し復習を兼ねて実数の性質を列挙する．

　実数全体の集合を R とする．実数 $a, b \in \mathrm{R}$, $a < b$ とする．

集合 $(a,b) = \{x \in \mathrm{R} \mid a < x < b\}$ を**開区間**という．
集合 $[a,b] = \{x \in \mathrm{R} \mid a \leq x \leq b\}$ を**閉区間**という．
集合 $(a,b] = \{x \in \mathrm{R} \mid a < x \leq b\}$ を**半開区間**という．
集合 $[a,b) = \{x \in \mathrm{R} \mid a \leq x < b\}$ も**半開区間**という．

同様に $(-\infty, b) = \{x \in \mathrm{R} \mid -\infty < x < b\}$, $(a,\infty) = \{x \in \mathrm{R} \mid a < x < \infty\}$, $(-\infty, b] = \{x \in \mathrm{R} \mid -\infty < x \leq b\}$, $[a, \infty) = \{x \in \mathrm{R} \mid a \leq x < \infty\}$ とする．実数 a, b に対して，a, b の大きい方を $\max\{a,b\}$ と書き，小さい方を $\min\{a,b\}$ と書く．

性質 5.1.1.（**実数の性質**） x, y, z, w を実数とする．
(1) $x < y$ ならば $x + z < y + z$ である．
(2) $x < y$ で $0 < z$ ならば $zx < zy$ である．

命題 5.1.1. w, x, y, z を実数とする．

(1) $x < y, w < z$ ならば $x + w < y + z$ である．

(2) $x < y \iff 0 < y - x \iff -x > -y$ である．

(3) $x < y$ で $z < 0$ ならば $zx > zy$ である．

(4) $0 < x$ ならば $0 < \frac{1}{x}$ である．

(5) $0 < x < y$ ならば $0 < \frac{1}{y} < \frac{1}{x}$ である．

(6) $0 < x < y, 0 < z < w$ ならば $0 < xz < yw$ である．

(7) $0 < x, 0 < y$ とする．このとき，$x < y \iff x^2 < y^2$ である．

証明． (1) 実数の性質 (1) より $x + w < y + w < y + z$ となる．
(2) 実数の性質 (1) より $x < y \implies 0 = x + (-x) < y + (-x) = y - x$ となる．

逆に $0 < y - x \implies x = 0 + x < (y - x) + x = y$ となる．
(3) $-z > 0$ だから (1) より $(-z)x < (-z)y$ である．したがって $-zx < -zy$ となり，$zx > zy$．
(4) $x > 0$ とする．もし $\frac{1}{x} < 0$ とすると (3) より $1 = x\frac{1}{x} < 0$ となり矛盾．
(5) $\frac{1}{y} > 0$ だから $\frac{1}{y}x < \frac{1}{y}y = 1$ である．$\frac{1}{x} > 0$ だから $\frac{1}{y} = \frac{1}{y}x\frac{1}{x} < 1\frac{1}{x} = \frac{1}{x}$ となる．

(6) $0 < x < y$ で $0 < z$ だから $0 < xz < yz$ である．さらに $z < w$ で $0 < y$ だから $yz < yw$ である．したがって $0 < xz < yz < yw$ となる．
(7) $0 < x < y$ とすると (6) より $0 < x^2 < y^2$ である．逆に $0 < x^2 < y^2$ とすると，$0 < y^2 - x^2 = (y-x)(y+x)$ となり，$0 < x+y$ だから $0 < y-x$ を得る．したがって $x < y$ である． □

実数 $x \in \mathrm{R}$ に対して $|x| = \max\{x, -x\}$ とおき，x の**絶対値**という．ただし，$\max\{x, -x\}$ は x と $-x$ の大きい方を意味する．
(**注**)

$$|x| = \begin{cases} x & x > 0 \text{ のとき} \\ -x & x < 0 \text{ のとき} \\ 0 & x = 0 \text{ のとき} \end{cases}$$

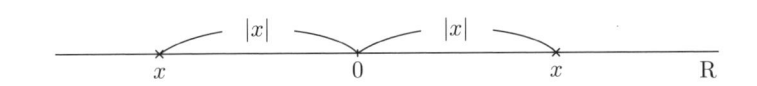

命題 5.1.2. w, x, y, z を実数とする．

(1) $0 \leq |x|$ である．
　　さらに $|x| = 0 \iff x = 0$ である．
(2) $|xy| = |x||y|$
(3) $|x + y| \leq |x| + |y|$ 　　（三角不等式という）
(4) $|x| \leq |y| \iff -|y| \leq x \leq |y|$
(5) $||x| - |y|| \leq |x - y|$

証明． (1) の証明．$x, -x \leq |x|$ より明らか．
(2) の証明．場合分けにより示せる．(i) $x \geq 0, y \geq 0$ の場合．$xy \geq 0$ だから $|xy| = xy = |x||y|$ となる．(ii) $x < 0, y < 0$ の場合．$xy > 0$ だから $|xy| = xy = (-x)(-y) = |x||y|$ となる．(iii) $x \geq 0, y < 0$ の場合．$xy \leq 0$ だから $|xy| = -xy = x(-y) = |x||y|$ となる．
(3) の証明．場合分けにより示せる．(i) $x \geq 0, y \geq 0$ の場合．$x+y \geq 0$ だか

ら $|x+y| = x+y = |x|+|y|$ となる．(ii) $x < 0, y < 0$ の場合．$x+y < 0$ だから $|x+y| = -(x+y) = (-x)+(-y) = |x|+|y|$ を得る．(iii) $x \geq 0, y < 0$ の場合．$x+y \geq 0$ となるときは，$|x+y| = x+y \leq |x|+|y|$ となる．

また $x+y < 0$ となるときは $|x+y| = -(x+y) = (-x)+(-y) \leq |x|+|y|$ となる．

(4) ($\Longrightarrow$) の証明．$-x, x \leq |x|$ だから $-x, x \leq |y|$ となる．したがって $-|y| \leq x \leq |y|$ である．

($\Longleftarrow$) の証明．$0 \leq x$ の場合は $|x| = x \leq |y|$ となる．$x < 0$ の場合は $|x| = -x \leq |y|$ となる．したがって，$|x| \leq |y|$ となる．

(5) の証明．$|x| = |(x-y)+y| \leq |x-y|+|y|$ だから $|x|-|y| \leq |x-y|$ となる．この不等式で y と x とをいれかえると $|y|-|x| \leq |y-x| = |(-1)(x-y)| = |x-y|$ となるから，$-|x-y| \leq |x|-|y|$ を得る．したがって，(4) より $||x|-|y|| \leq |x-y|$ である． □

実数 $x, y \in \mathrm{R}$ に対して $d(x,y) = |x-y|$ とおく．

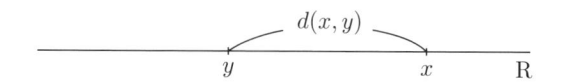

$$\begin{array}{c|ccc} & d(x,y) & & \\ \hline & y & x & \mathrm{R} \end{array}$$

定義 5.1.1. 実数からなる数列を $\{x_n\}_{n=1}^{\infty}$ とし，実数 x とする．

任意の $\epsilon > 0$ に対してある正の整数 N が存在して，整数 n が

$$n \geq N \Longrightarrow d(x_n, x) = |x_n - x| < \epsilon$$

となるとき，実数列 $\{x_n\}_{n=1}^{\infty}$ は x **に収束する**といい $\lim_{n \to \infty} x_n = x$，または $x_n \to x \, (n \to \infty)$ と書く．

命題 5.1.3. 実数列 $\{x_n\}_{n=1}^{\infty}$，$\{y_n\}_{n=1}^{\infty}$，実数の定数 a とする．

(1) $\lim_{n \to \infty} x_n = x$, $\lim_{n \to \infty} y_n = y$ ならば，$\lim_{n \to \infty} (x_n \pm y_n) = x \pm y$ である．

(2) $\lim_{n \to \infty} x_n = x$ ならば $\lim_{n \to \infty} (ax_n) = ax$ である．

(3) $\lim_{n \to \infty} x_n = x$ ならば $\lim_{n \to \infty} |x_n| = |x|$ である．

(4) $x_n \leq y_n \, (n = 1, 2, \ldots)$ で $\lim_{n \to \infty} x_n = x$, $\lim_{n \to \infty} y_n = y$ ならば, $x \leq y$ である.

証明. (1) の証明. 任意の $\epsilon > 0$ とする. $x_n \to x \, (n \to \infty)$ だから, 正の整数 N_1 が存在して,

$$n \geq N_1 \Longrightarrow d(x_n, x) = |x_n - x| < \frac{\epsilon}{2}$$

となる. 同様にして, 正の整数 N_2 が存在して,

$$n \geq N_2 \Longrightarrow d(y_n, y) = |y_n - y| < \frac{\epsilon}{2}$$

となる. そこで N_1, N_2 の大きい方 $\max\{N_1, N_2\}$ を N とおくと,

$$n \geq N \Longrightarrow |(x_n + y_n) - (x + y)| \leq |x_n - x| + |y_n - y|$$
$$< \frac{\epsilon}{2} + \frac{\epsilon}{2} = \epsilon$$

となる. したがって, $\lim_{n \to \infty}(x_n + y_n) = x + y$ となる.

(2) の証明. $a = 0$ のときは明らかだから, $a \neq 0$ とする. 任意の $\epsilon > 0$ に対して, 自然数 N が存在して $n \geq N$ ならば $|x_n - x| < \epsilon/|a|$ となる. すると

$$n \geq N \Rightarrow |ax_n - ax| = |a||x_n - x| < |a|\epsilon/|a| = \epsilon$$

となるから, $\lim_{n \to \infty}(ax_n) = ax$ が示せた.

(3) の証明. 任意の $\epsilon > 0$ に対して, ある自然数 N が存在して $n \geq N$ ならば $|x_n - x| < \epsilon$ となる. すると $||x_n| - |x|| \leq |x_n - x| < \epsilon$ となるから, $\lim_{n \to \infty} |x_n| = |x|$ が示せた.

(4) の証明. 最初に $x_n \geq 0 \, (n = 1, 2, \ldots)$ で $\lim_{n \to \infty} x_n = x$ ならば $x \geq 0$ を示す.

背理法による. $x < 0$ と仮定する. $-x > \epsilon > 0$ となる ϵ をとると, 自然数 N が存在して $n \geq N$ ならば $|x_n - x| < \epsilon$ となる. このことより $x_N < x + \epsilon < 0$ となり矛盾. したがって $x \geq 0$ である.

$0 \leq y_n - x_n$ だから, 今示したことより,

$$0 \leq \lim_{n \to \infty}(y_n - x_n) = \lim_{n \to \infty} y_n - \lim_{n \to \infty} x_n = y - x$$

となる. □

　実数全体からなる集合 R は次の性質を満たす. この性質を満たすことを, 実数 R は**アルキメデス的**であるという.

性質 5.1.2. （実数の性質. 実数のアルキメデス性）
　任意の実数 $a > 0, b > 0$ に対して, 自然数 n が存在して $b < na$ となる.

　次の命題により実数がアルキメデス的であることと, 既知の命題 $\lim_{n\to\infty} \dfrac{1}{n} = 0$ とは同値であることが示せる.

命題 5.1.4. (1) と (2) は同値である.

(1) 　実数 R はアルキメデス的である.

(2) 　$\lim_{n\to\infty} \dfrac{1}{n} = 0$

証明. (1),(2) が同値であることを示す. (1) ⇒ (2) の証明. 任意の実数 $\epsilon > 0$ とする. $\epsilon > 0, 1 > 0$ に対して (1) より, 自然数 N が存在して $1 < N\epsilon$ となる. $N \leq n$ ならば $0 < \dfrac{1}{n} \leq \dfrac{1}{N} < \epsilon$ となる.
(2) ⇒ (1) の証明. $a > 0, b > 0$ とする. $0 < \dfrac{a}{b}$ に対して, 自然数 N が存在して $n \geq N$ ならば $\dfrac{1}{n} < \dfrac{a}{b}$ となる. したがって, 特に $n = N$ とすると $b < Na$ となる. □

命題 5.1.5. 実数 $a, b \in$ R , $a < b$ に対して, $a < c < b$ となる有理数 $c \in$ Q が存在する.

証明. (i) $0 = a < b$ とする. 実数 R はアルキメデス的であるから $\frac{1}{n} < b$ となる自然数 n が存在する. $c = \frac{1}{n} \in$ Q である.
(ii) $0 < a < b$ とする. $0 < b - a$ だから (i) より $\frac{1}{n} < b - a$ となる自然数 n が存在する. $0 < a, \frac{1}{n}$ に対して, 実数がアルキメデス的であるから $a < \frac{k}{n}$ となる自然数 k が存在する.
　そこで $h = \min\{k \,|\, a < \frac{k}{n}\}$ とおくと, $\frac{h-1}{n} \leq a < \frac{h}{n}$ である.
$$\frac{h}{n} = \frac{h-1}{n} + \frac{1}{n} \leq a + \frac{1}{n} < b$$

を得る．すなわち $a < \frac{h}{n} < b$ となる．$c = \frac{h}{n} \in \mathrm{Q}$ である．

(iii) $a < b \leq 0$ とする．$0 \leq -b < -a$ だから (i)(ii) より $-b < -c < -a$ となる有理数 $-c$ が存在する．したがって，$a < c < b$ となるから有理数 c が存在することが示せた．

(iv) $a < 0 < b$ のときは，$c = 0$ である． □

実数全体からなる集合 R の部分集合 $A \subset \mathrm{R}$ とする．実数 $a \in \mathrm{R}$ が存在して，すべての $x \in A$ に対して $x \leq a$ となるとき，集合 A は**上方に有界**であるといい，a を A の（一つの）**上界**という．A の上界のなかで最小なものを A の**最小上界（上限）**といい，$\sup A$ と書く．

すべての $x \in A$ に対して $a \leq x$ となるとき，集合 A は**下方に有界**であるといい，a を A の（一つの）**下界**という．A の下界のなかで最大なものを A の**最大下界（下限）**といい，$\inf A$ と書く

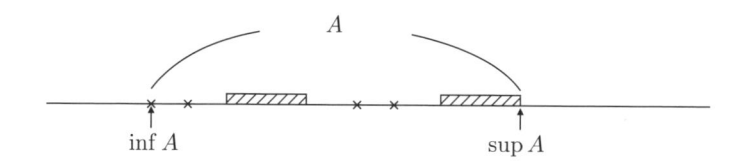

集合 A が上方に有界でかつ下方に有界であるとき，**有界**であるという．また数列 $\{x_n\}_{n=1}^{\infty}$ が集合 $\{x_n \mid n = 1, 2, \ldots\}$ として有界であるとき，すなわち $a > 0$ が存在して $|x_n| \leq a \, (n = 1, 2, \ldots)$ であるとき，数列 $\{x_n\}_{n=1}^{\infty}$ は有界であるという．

問 5.1.1.

(1) $x_n = (-1)^{n-1} + \dfrac{1}{n} \quad (n = 1, 2, \ldots)$ とおく．数列 $\{x_n\}_{n=1}^{\infty}$ は有界である．

(2) $x_n = (-1)^{n-1} n \quad (n = 1, 2, \ldots)$ とおく．数列 $\{x_n\}_{n=1}^{\infty}$ は有界でない．

命題 5.1.6. 実数列 $\{x_n\}_{n=1}^{\infty}$, $\{y_n\}_{n=1}^{\infty}$ とする．

(1) 収束する実数列は有界である．

すなわち $\lim_{n \to \infty} x_n = x$ ならば数列 $\{x_n\}_{n=1}^{\infty}$ は有界である．

(2) $\lim_{n\to\infty} x_n = x$, $\lim_{n\to\infty} y_n = y$ ならば，$\lim_{n\to\infty} x_n y_n = xy$ である．

証明． (1) の証明．ϵ として 1 をとると，正の整数 N が存在して $n \geq N$ ならば $|x_n - x| < 1$ である．すると $-1 < x_n - x < 1\,(n = N, N+1, N+2, \ldots)$ となる．したがって，$x - 1 < x_n < x + 1\,(n = N, N+1, N+2, \ldots)$ となる．

$a = \min\{x_1, x_2, \ldots, x_{N-1}, x-1\}$, $b = \max\{x_1, x_2, \ldots, x_{N-1}, x+1\}$ とおくと $a \leq x_n \leq b\,(n = 1, 2, \ldots)$ となる．

(2) の証明．不等式

$$|x_n y_n - xy| = |x_n(y_n - y) + (x_n - x)y| \leq |x_n||y_n - y| + |x_n - x||y|$$

を使う．$\{x_n\}_{n=1}^\infty$ は収束する実数列だから有界である．したがって，$a > 0$ が存在して $|x_n| \leq a\,(n = 1, 2, \ldots)$ である．

任意の $\epsilon > 0$ をとる．$\lim_{n\to\infty} y_n = y$ だから，正の整数 N_1 が存在して，$n \geq N_1$ ならば $|y_n - y| < \epsilon/2a$ となる．

同様にして，正の整数 N_2 が存在して，$n \geq N_2$ ならば $|x_n - x| < \epsilon/2|y|$ となる．$N = \max\{N_1, N_2\}$ とおく．このとき $n \geq N$ ならば

$$|x_n y_n - xy| \leq |x_n||y_n - y| + |x_n - x||y| < a\epsilon/2a + |y|\epsilon/2|y| = \epsilon$$

となる．したがって，$\lim_{n\to\infty} x_n y_n = xy$ である． □

例 5.1.1. (1) $A = \{x \in \mathbb{R} \mid x < 1\}$ とおく．A は上方に有界であり，$1 = \sup A$ である．

最小上界，最大下界であるための必要条件を与えよう．

命題 5.1.7. $A \subset \mathbb{R}$ とする.

(1) A が上方に有界とする．

$a = \sup A$ である
$\iff \begin{cases} \text{(i)}\ x \in A \text{ ならば } x \leq a \\ \text{(ii) 任意の} \epsilon > 0 \text{ に対して}, a - \epsilon < x \text{ となる } x \in A \text{ が存在する} \end{cases}$

(2) A が下方に有界とする.
$$a = \inf A \text{ である}$$
$$\iff \begin{cases} \text{(i)}\, x \in A \text{ ならば } a \leq x \\ \text{(ii) 任意の} \epsilon > 0 \text{ に対して,}\ x < a + \epsilon \text{ となる } x \in A \text{ が存在する} \end{cases}$$

証明. (1) の証明. ($\Rightarrow$) a が A の上界だから,上界の定義より $x \in A$ ならば $x \leq a$ である.また a が上界のなかで最小だから $a - \epsilon$ は A の上界ではない.したがって上界の定義より $a - \epsilon < x$ となる $x \in A$ が存在する.
($\Leftarrow$) (i) より a は A の上界である.また (ii) より a より小さな数で A の上界となるものは存在しない.したがって a は上界のなかで最小なものである. □

命題 5.1.8. $A \subset \mathrm{R}$ とし,$-A = \{-x \mid x \in A\}$ とおく.

(1) A が上方に有界 $\iff$ $-A$ が下方に有界である.

(2) A が上方に有界で最小上界 $a = \sup A$ をもつとする.このとき $-A$ は最大下界 $\inf(-A) = -a$ をもつ.

(3) A が下方に有界で最大下界 $a = \inf A$ をもつとする.このとき $-A$ は最小上界 $\sup(-A) = -a$ をもつ.

証明. (1) の証明. ($\Longrightarrow$) を示す.$a \in \mathrm{R}$ を A の上界とする.すなわち,$x \in A$ ならば $x \leq a$ とする.任意の $y \in -A$ に対して $y = -x, x \in A$ となるから $x \leq a$ となる.したがって $y = -x \geq -a$ となるから $-A$ は下方に有界で,$-a$ は A の下界である.
($\Longleftarrow$) を示す.$B = -A$ とおく.$b \in \mathrm{R}$ を B の下界とする.すなわち,$x \in B = -A$ ならば $b \leq x$ となる.任意の $y \in A$ とすると $-y \in -A = B$ だから $b \leq -y$ である.したがって $y \leq -b$ となるから $A = -B$ は上方に有界で $-b$ は $A = -B$ の上界である.
(2) の証明. $a = \sup A$ とおくと,a は A の上界(の一つ)だから (1) の証明の中で示していることより $-a$ は $-A$ の下界である.$-a$ が $-A$ の下界の中で最大となることを言う.$-a < c$ とする.$-c < a$ となり,a は A の最小上界だから $-c$ は A の上界ではない.したがって $-c < x$ となる $x \in A$

が存在する．すると $-x < c$ で $-x \in -A$ であるから c は $-A$ の下界では
ない．したがって $-a$ は $-A$ の最大下界である．

(3) は (2) の証明とほぼ同様にして証明できる． □

　実数の数列 $\{x_n\}_{n=1}^{\infty}$ が $x_1 \leq x_2 \leq \cdots$ のとき，数列 $\{x_n\}_{n=1}^{\infty}$ を**単調増加列**といい，$x_1 \geq x_2 \geq \cdots$ のとき**単調減少列**という．単調増加列 $\{x_n\}_{n=1}^{\infty}$ が集合として上方に有界，すなわちある実数 a が存在して $x_n \leq a\,(n=1,2,\ldots)$ となるとき，(上方に) 有界な単調増加列という．同様に，単調減少列 $\{x_n\}_{n=1}^{\infty}$ が集合として下方に有界，すなわちある実数 a が存在して $x_n \geq a\,(n=1,2,\ldots)$ となるとき，(下方に) 有界な単調減少列という．

命題 5.1.9.

(1) $\{x_n\}_{n=1}^{\infty}$ を (上方に) 有界な単調増加列とする．
　　$\{x_n\}_{n=1}^{\infty}$ が収束する．$\iff$ $\{x_n\}_{n=1}^{\infty}$ の最小上界が存在する．
　　このとき，$\lim_{n\to\infty} x_n = \sup\{x_n : n=1,2,\ldots\}$

(2) $\{x_n\}_{n=1}^{\infty}$ を (下方に) 有界な単調減少列とする．
　　$\{x_n\}_{n=1}^{\infty}$ が収束する．$\iff$ $\{x_n\}_{n=1}^{\infty}$ の最大下界が存在する．
　　このとき，$\lim_{n\to\infty} x_n = \inf\{x_n : n=1,2,\ldots\}$

証明． (1) の証明．($\Longrightarrow$) $x = \lim_{n\to\infty} x_n$ とおく．$x_n \leq x\,(n=1,2,\ldots)$ である．実際，$x < x_{n_0}$ となる x_{n_0} が存在するとする．$0 < \epsilon < x_{n_0} - x$ となる $\epsilon > 0$ をとると $x_{n_0} \leq x_{n_0+1} \leq \cdots$ より $x < x + \epsilon \leq x_{n_0} \leq x_{n_0+1} \leq \cdots$ となり数列 $\{x_n\}_{n=1}^{\infty}$ が x に収束することに矛盾する．したがって $x_n \leq x\,(n=1,2,\ldots)$ である．

　また，任意の $\epsilon > 0$ に対して，ある自然数 N が存在して

$$n \geq N \Longrightarrow |x_n - x| < \epsilon$$

となる．すなわち $n \geq N \Longrightarrow x - \epsilon < x_n < x + \epsilon$ となる．ところで $x_n \leq x\,(n=1,2,\ldots)$ はすでに示したから，$n \geq N \Longrightarrow x - \epsilon < x_n \leq x$ である．特に n として N をとると $x - \epsilon < x_N \leq x$ となる．したがって $x = \sup\{x_n : n=1,2,\ldots\}$ が示せた．

($\Longleftarrow$) $x = \sup\{x_n : n = 1, 2, \ldots\}$ とおく．任意の $\epsilon > 0$ に対して，$x - \epsilon$ は上界でないから $x - \epsilon < x_N$ となる x_N が存在する．すると $x - \epsilon < x_N \leq x_{N+1} \leq x_{N+2} \leq \cdots \leq x$ となるから，

$$n \geq N \Longrightarrow x - \epsilon < x_n \leq x < x + \epsilon$$

となる．したがって $x = \lim_{n \to \infty} x_n$ が示せた． □

すべての実数からなる集合 R は次の性質を満たすことが知られている．

性質 5.1.3. **（実数の性質）** 上方に有界な実数の集合は最小上界をもつ．すなわち，実数の集合 $A \subset R$ が上方に有界ならば $\sup A \in R$ が存在する．

ところで実数の集合 R に関して次の定理が成立するので，実数の集合 R は次の 4 つの性質「上方に有界な実数の集合は最小上界をもつ」，「下方に有界な実数の集合は最大下界をもつ」，「（上方に）有界な単調増加列は収束する」，「（下方に）有界な単調減少列は収束する」をもつとしてよい．また証明を読むのは省略してもよい．

定理 5.1.1. すべての実数からなる集合 R において，次の条件 $(1), (1)', (2), (2)'$ は同値である．

(1) 上方に有界な実数の集合は最小上界をもつ．

(1)′ 下方に有界な実数の集合は最大下界をもつ．

(2) （上方に）有界な単調増加列は収束する．

(2)′ （下方に）有界な単調減少列は収束する．

証明． $(1) \Rightarrow (1)'$ の証明．集合 $A \subset R$ が下方に有界とする．$-A$ は上方に有界だから (1) より $b = \sup(-A)$ が存在する．すると $-b = \inf(-(-A)) = \inf A$ を得る．

$(1)' \Rightarrow (1)$ も同様にして示せる．

$(2) \Rightarrow (2)'$ の証明．$\{x_n\}_{n=1}^{\infty}$ を（下方に）有界な単調減少列とする．$\{-x_n\}_{n=1}^{\infty}$ は（上方に）有界な単調増加列となるから (2) より $y = \sup\{-x_n : n = 1, 2, \ldots\}$ が存在する．$-y = \inf\{x_n : n = 1, 2, \ldots\}$ となる．

$(2)' \Rightarrow (2)$ も同様にして示せる.

$(1) \Rightarrow (2)$ の証明. 数列 $\{x_n\}_{n=1}^{\infty}$ を有界な単調増加列とする. (1) より $x = \sup\{x_n : n = 1, 2, \ldots\}$ が存在する. $x = \lim_{n \to \infty} x_n$ となることを示す.

任意の $\epsilon > 0$ に対して, x が最小上界であることより $x - \epsilon < x_N$ となる x_N が存在する. $\{x_n\}_{n=1}^{\infty}$ が単調増加列であることと x が上界であることより $x - \epsilon < x_N \leq x_{N+1} \leq x_{N+2} \leq \cdots \leq x$ となる. したがって

$$n \geq N \Longrightarrow x - \epsilon < x_n \leq x < x + \epsilon$$

となり, $x = \lim_{n \to \infty} x_n$ である.

$(2)' \Rightarrow (1)$ の証明. 集合 $A \subset \mathrm{R}$ が上方に有界とする. $\sup A$ が存在することを示す.

A が最大値をもつ場合はその最大値が $\sup A$ となるので, A が最大値をもたない場合を示せばよい.

b を A の一つの上界とし, $a \in A$ とする. A は最大値をもたないから $a < b$ である. 各自然数 $n = 1, 2, \ldots$ に対して, $[a, b] = \{x \in \mathrm{R} \,|\, a \leq x \leq b\}$ を 2^n 等分してできる集合 $C_n = \left\{a + \dfrac{k}{2^n}(b-a) \,\middle|\, k = 0, 1, 2, \ldots, 2^n\right\} \subset \mathrm{R}$ を考える. $b \in C_n$ より C_n は A の上界をもつ. $b_n = \min\{x \in C_n \,|\, x \text{ は } A \text{ の上界}\}$, すなわち C_n に属する A の上界のなかの最小値を b_n とする.

$$C_1 \subset C_2 \subset \cdots \subset C_n \subset C_{n+1} \subset \cdots$$

だから $b_1 \geq b_2 \geq \cdots$ となり, 数列 $\{b_n\}_{n=1}^{\infty}$ は単調減少列である. 仮定 $(2)'$ より数列 $\{b_n\}_{n=1}^{\infty}$ は収束する. この極限値を $c = \lim_{n \to \infty} b_n = \inf\{b_n \,|\, n \in \mathrm{N}\}$ とおくと $c = \sup A$ であることが次のようにして示せる.

任意の $x \in A$ とする. b_n は A の上界だから $x \leq b_n$ $(n = 1, 2, \ldots)$ である. すると $x \leq \lim_{n \to \infty} b_n = c$ となり, $x \leq c$ を得る. したがって c は A の上界である.

次に任意の $\epsilon > 0$ に対して $c - \epsilon$ が A の上界でないことを示そう. $\lim_{n \to \infty} \dfrac{b-a}{2^n} = 0$ だから, $\dfrac{b-a}{2^L} < \epsilon$ となる自然数 L が存在する. $b_L > b_L - \dfrac{b-a}{2^L}$ で $b_L - \dfrac{b-a}{2^L} \in C_L$ だから b_L の定義の仕方より $b_L - \dfrac{b-a}{2^L} \in C_L$ は A の上界ではない.

したがって $x \in A$ で $x > b_L - \dfrac{b-a}{2^L}$ となるものが存在する．$x > b_L - \dfrac{b-a}{2^L} > b_L - \epsilon \geq c - \epsilon$ となり，$c - \epsilon$ は A の上界でない．このことより $c = \sup A$ である． □

問 5.1.2.
(1) 集合 $A = \{x \in \mathbb{R} \,|\, 0 < x, 2 < x^2\}$ とおく．$\inf A$ を求めよ．
(2) 漸化式で定義された数列を $x_1 = 2$, $x_{n+1} = \dfrac{1}{2}\left(x_n + \dfrac{2}{x_n}\right)$ $(n = 1, 2, \ldots)$ とする．数列 $\{x_n\}_{n=1}^{\infty}$ が収束することを示し，その極限値を求めよ．

定義 5.1.2. 実数列 $\{x_n\}_{n=1}^{\infty}$ が次の条件
「任意の $\epsilon > 0$ に対して，ある自然数 N が存在して 自然数 n, m が $n, m \geq N \Longrightarrow |x_n - x_m| < \epsilon$ となる」
を満たすとき，$\{x_n\}_{n=1}^{\infty}$ を**コーシー列**（**基本列**）という．

命題 5.1.10. コーシー列は有界である．すなわち，実数列 $\{x_n\}_{n=1}^{\infty}$ がコーシー列ならば，ある正の数 $M > 0$ が存在して $|x_n| \leq M$ $(n = 1, 2, \ldots)$ となる．

証明. $\epsilon = 1$ に対して，$n, m \geq N \Longrightarrow |x_n - x_m| < 1$ となる自然数 N をとる．$||x_n| - |x_m|| \leq |x_n - x_m|$ より

$$n \geq N \Longrightarrow ||x_n| - |x_N|| \leq |x_n - x_N| < 1$$

となる．したがって $|x_N| - 1 \leq |x_n| \leq |x_N| + 1$ $(n = N, N+1, \ldots)$ となる．$M = \max\{|x_1|, |x_2|, \ldots, |x_{N-1}|, |x_N| + 1\}$ とおくと，$|x_n| \leq M$ $(n = 1, 2, \ldots)$ となる． □

命題 5.1.11. 収束列はコーシー列である．

証明. 実数列 $\{x_n\}_{n=1}^{\infty}$ が $x \in \mathbb{R}$ に収束したとする．任意の $\epsilon > 0$ に対して，$n \geq N$ ならば $|x_n - x| < \epsilon/2$ となる自然数 N が存在する．
すると $n, m \geq N$ ならば

$$|x_n - x_m| = |(x_n - x) + (x - x_m)| \leq |x_n - x| + |x_m - x| < \epsilon/2 + \epsilon/2 = \epsilon$$

となる．したがって $\{x_n\}_{n=1}^{\infty}$ はコーシー列である． □

上の命題の逆が成り立つかどうかを考えよう．もし任意のコーシー列が必ず収束することが成り立てば，その極限の値が具体的にはわからなくとも数学的な議論をする上で非常に都合が良い．「コーシー列は収束列である」という性質を満たすとき，（コーシー）**完備**という．実数の集合 R は（コーシー）完備であることが示せる．

定理 5.1.2. （**実数のコーシー完備性**）実数列がコーシー列ならば収束する．

証明． 実数列 $\{x_n\}_{n=1}^{\infty}$ をコーシー列とする．コーシー列は有界だから $\sup\{x_n, x_{n+1}, x_{n+2}, \ldots\} = \sup\{x_k \mid k \geq n\}$ が存在する．

それを $s_n = \sup\{x_n, x_{n+1}, x_{n+2}, \ldots\}$ とおく．すると数列 $\{s_n\}_{n=1}^{\infty}$ は，$s_1 \geq s_2 \geq s_3 \geq \ldots$，すなわち単調減少列となる．

また $\inf\{x_n\}_{n=1}^{\infty} \leq s_n \ (n = 1, 2, \ldots)$ だから有界である．すると定理 5.1.1 により数列 $\{s_n\}_{n=1}^{\infty}$ は収束するので，その極限値を $x = \lim_{n \to \infty} s_n$ とおく．

実は x が $\{x_n\}_{n=1}^{\infty}$ の極限値となることを示そう．

任意の $\epsilon > 0$ とする．$\{x_n\}_{n=1}^{\infty}$ はコーシー列だから，ある自然数 N_1 が存在して $n, m \geq N_1 \Rightarrow |x_n - x_m| < \epsilon/3$ となる．また，$x = \lim_{n \to \infty} s_n$ だから，ある自然数 N_2 が存在して $n \geq N_2 \Rightarrow |s_n - x| < \epsilon/3$ となる．$N = \max\{N_1, N_2\}$ とおく．任意に $n \geq N$ となる n をとる．

$s_n = \sup\{x_n, x_{n+1}, x_{n+2}, \ldots\}$ だから $s_n - \epsilon/3$ は $\{x_n, x_{n+1}, x_{n+2}, \ldots\}$ の上界にならないから，$s_n - \epsilon/3 < x_{m_0} \ (\leq s_n)$ となる $n \leq m_0$ が存在する．したがって $|s_n - x_{m_0}| < \epsilon/3$ となる．すると

$$|x_n - x| \leq |x_n - x_{m_0}| + |x_{m_0} - s_n| + |s_n - x| < \epsilon/3 + \epsilon/3 + \epsilon/3 = \epsilon$$

を得る．したがって $n \geq N \Rightarrow |x_n - x| < \epsilon$ が示せた．

すなわち $\lim_{n \to \infty} x_x = x$ となる． □

命題 5.1.12. 有界閉区間の減少列は，その共通部分は空集合ではない．すなわち $[a_1, b_1] \supset [a_2, b_2] \supset \cdots \supset [a_n, b_n] \supset \cdots \Longrightarrow \cap_{n=1}^{\infty}[a_n, b_n] \neq \emptyset$ である．

証明. $[a_n, b_n] \supset [a_{n+1}, b_{n+1}]$ だから $a_n \leq a_{n+1} \leq b_{n+1} \leq b_n$ に注意する．$-\infty < a_1 \leq a_2 \leq \cdots \leq b_1$ だから，実数列 $\{a_n\}_{n=1}^{\infty}$ は上方に有界な単調増加列である．したがって，実数の連続性より収束する．その極限を $a = \lim_{n \to \infty} a_n$ とおく．また同様に，$\infty > b_1 \geq b_2 \geq \cdots \geq a_1$ だから極限 $b = \lim_{n \to \infty} b_n$ が存在する．$a \leq b$ であり，$[a_n, b_n] \supset [a, b]$ $(n = 1, 2, \ldots)$ だから $\cap_{n=1}^{\infty} [a_n, b_n] \supset [a, b]$ を得る． □

系 5.1.1. （**区間縮小法**）有界閉区間の減少列を $[a_1, b_1] \supset [a_2, b_2] \supset \cdots \supset [a_n, b_n] \supset \cdots$ とする．$\lim_{n \to \infty}(b_n - a_n) = 0$ ならばその共通部分は 1 点のみからなる．すなわち，$\left| \bigcap_{n=1}^{\infty} [a_n, b_n] \right| = 1$ である．

証明. 命題より共通部分は空集合ではないことはわかっている．そこで 1 点のみからなることを示す．

まず，$0 = \lim_{n \to \infty}(a_n - b_n) = \lim_{n \to \infty} a_n - \lim_{n \to \infty} b_n$ より，$\lim_{n \to \infty} a_n = \lim_{n \to \infty} b_n$ となることに注意する．

任意の $x \in \cap_{n=1}^{\infty} [a_n, b_n]$ とする．$a_n \leq x \leq b_n$ $(n = 1, 2, \ldots)$ だから $\lim_{n \to \infty} a_n \leq x \leq \lim_{n \to \infty} b_n$ となるから，$\lim_{n \to \infty} a_n = \lim_{n \to \infty} b_n$ より $x = \lim_{n \to \infty} a_n = \lim_{n \to \infty} b_n$ を得る．したがって，共通部分は 1 点のみであり，その 1 点は，$\{a_n\}_{n=1}^{\infty}$ の極限 $= \{b_n\}_{n=1}^{\infty}$ の極限である． □

5.2　1 次元ユークリッド空間 R

前節で述べた実数に関する性質をもとに，実数の集合 R に関する位相的な概念，たとえば ε-近傍，触点，集積点，閉集合，開集合などを導入しよう．実数全体の集合 R は幾何的には数直線で表示され，数直線上の点が実数を表示していることに注意しよう．

定義 5.2.1. 点 $a \in \mathbb{R}$，正の実数 $\epsilon > 0$ とする．R の部分集合 $\{x \in \mathbb{R} \,|\, d(x, a) = |x - a| < \epsilon\}$ を点 a の **ε-近傍** といい $U(a; \epsilon)$ と書く．

(注) $U(a; \epsilon)$ は，数直線上では a から両側に長さ ϵ をとった開区間 $(a-\epsilon, a+\epsilon)$ を表わす．

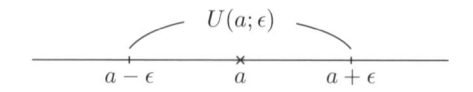

$$U(a;\epsilon)$$
$$a-\epsilon \quad a \quad a+\epsilon$$

定義 5.2.2. ユークリッド空間 R の部分集合 $A \subset R$ とする．点 $x \in R$ とする．

(1) x の任意の ϵ-近傍 $U(x;\epsilon)$ に対して，$A \cap U(x;\epsilon) \neq \emptyset$ となるとき，点 x を A の**触点**という．

(2) x の任意の ϵ-近傍 $U(x;\epsilon)$ に対して，$(A \backslash \{x\}) \cap U(x;\epsilon) \neq \emptyset$ となるとき，点 x を A の**集積点**という．

(3) x のある ϵ-近傍 $U(x;\epsilon)$ が存在して $U(x;\epsilon) \subset A$ となるとき，点 x を A の**内点**という．

(4) x のある ϵ-近傍 $U(x;\epsilon)$ が存在して $U(x;\epsilon) \cap A = \emptyset$ となるとき，点 x を A の**外点**という．

(5) x の任意の ϵ-近傍 $U(x;\epsilon)$ に対して，$A \cap U(x;\epsilon) \neq \emptyset$ かつ $A^C \cap U(x;\epsilon) \neq \emptyset$ となるとき，点 x を A の**境界点**という．

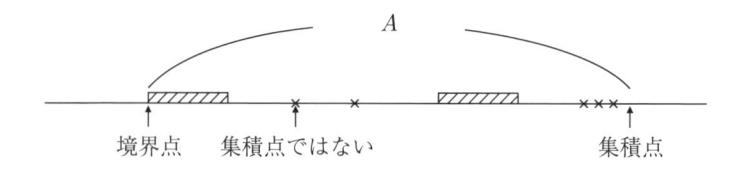

境界点　集積点ではない　　　　　集積点

集合の要素と，触点および集積点との関係を述べる．

命題 5.2.1. $A \subset R$ とする．
(1) $x \in A$ ならば x は A の触点である．
(2) x が A の集積点ならば x は A の触点である．
(3) $x \notin A$ が A の触点ならば，x は A の集積点である．

証明． (1) の証明．任意の $\epsilon > 0$ とする．$x \in U(x;\epsilon)$ だから $x \in (A \cap U(x;\epsilon))$ となり，$A \cap U(x;\epsilon) \neq \emptyset$ となる．したがって x は A の触点である．

(2) の証明. $\emptyset \neq (A\setminus\{x\}) \cap U(x;\epsilon) \subset A \cap U(x;\epsilon)$ となる. したがって x は A の触点である.

(3) の証明. x が $x \notin A$ だから $A = A\setminus\{x\}$ である. したがって $(A\setminus\{x\}) \cap U(x;\epsilon) = A \cap U(x;\epsilon) \neq \emptyset$ となるから, x は A の集積点である. □

次に触点, 集積点とを点列の極限との関係を述べよう.

命題 5.2.2. 集合 $A \subset \mathrm{R}$ とする.
(1) $x \in \mathrm{R}$ が A の触点である
$\iff A$ の点列で x に収束するものが存在する. すなわち点列 $\{x_n\}_{n=1}^{\infty} \subset A$ で $\lim_{n\to\infty} x_n = x$ となるものが存在する.
(2) $x \in \mathrm{R}$ が A の集積点である
$\iff$ 異なる点からなる A の点列で x に収束するものが存在する. すなわち $n \neq m$ ならば $x_n \neq x_m$ となる点列 $\{x_n\}_{n=1}^{\infty} \subset A$ で, $\lim_{n\to\infty} x_n = x$ となるものが存在する.

証明. (1) の証明. ($\Longrightarrow$) 各自然数 n に対して $A \cap U(x;1/n) = A \cap (x - 1/n, x + 1/n) \neq \emptyset$ だから, 点 $x_n \in A \cap U(x;1/n)$ が存在する. この点列 $\{x_n\}_{n=1}^{\infty} \subset A$ は x に収束する.

実際, 任意の $\epsilon > 0$ に対して, 自然数 N が存在して $1/N < \epsilon$ となる. すると
$$n \geq N \Rightarrow d(x_n, x) = |x_n - x| < 1/n \leq 1/N < \epsilon$$
となるから $\lim_{n\to\infty} x_n = x$ である.

($\Longleftarrow$) 任意の $\epsilon > 0$ とする. $\lim_{n\to\infty} x_n = x$ だから, 自然数 N が存在して
$$n \geq N \Longrightarrow d(x_n, x) = |x_n - x| < \epsilon.$$
となる. したがって, 特に $n = N$ とすると $d(x_N, x) < \epsilon$ であり, また $x_N \in A$ だから x は A の触点である.

(2) の証明. ($\Longrightarrow$) 任意の $\epsilon > 0$ に対して, $U(x;\epsilon) \cap A\setminus\{x\}$ が無限集合になることに最初に注意しよう.

実際，もし $U(x;\epsilon) \cap A\backslash\{x\}$ が有限集合，すなわち $U(x;\epsilon) \cap A\backslash\{x\} = \{y_1, y_2, \ldots, y_n\}$ とする．$0 < \epsilon' < \min\{|y_1-x|, |y_2-x|, \ldots, |y_n-x|\}$ となる ϵ' をとると，明らかに $U(x;\epsilon') \cap A\backslash\{x\} = \emptyset$ となり x が A の集積点であることに反する．

x は A の集積点だから，$x_1 \in U(x;1/1) \cap A\backslash\{x\}$ となる点 $x_1 \in A$ をとる．さらに x が A の集積点であることより $x_2 \in U(x;1/2) \cap A\backslash\{x\}$ となる x_1 と異なる点 $x_2 \in A$ をとる．順次このことを繰り返して $x_n \in U(x;1/n) \cap A\backslash\{x\}$ となる互いに異なる点列 $\{x_n\}_{n=1}^{\infty}$ をとることができる．

すると，任意の $0 < \epsilon$ に対して $1/N < \epsilon$ となる自然数 N をとると，

$$n \geq N \Longrightarrow d(x_n, x) = |x_n - x| < 1/n \leq 1/N$$

となり，$\lim_{n\to\infty} x_n = x$ が示せた．

($\Longleftarrow$) 点列 $\{x_n\}_{n=1}^{\infty}$ は，$x_n \neq x_m$ ($n \neq m$) だから，$x_n \neq x$ ($n = 1, 2, \cdots$) である．任意の $0 < \epsilon$ に対して，$n \geq N$ ならば $d(x_n, x) < \epsilon$ となる自然数 N をとると $x_N \neq x$ で $d(x_N, x) < \epsilon$ となる．したがって，$x_N \in U(x;\epsilon) \cap A\backslash\{x\}$ となるから x は A の集積点である． □

具体的な集合に対して，その触点や集積点などを求めてみよう．

問 5.2.1. 以下の各集合 $A \subset \mathbf{R}$ に対して，A のすべての触点，集積点，内点，外点，境界点を求めよ．
(1) 開区間 $A = (0, 1)$
(2) 閉区間 $A = [0, 1]$
(3) 半開区間 $A = (0, 1]$
(4) $A = \mathbf{Z}$

(解) 図を描けば直観的にはほとんど明らかであるが，定義にしたがってきちんと求めてみよう．
(1) について求める．まず集積点を求める．

(i) $x = 0$ は A の集積点である．実際，任意の $\epsilon > 0$ とすると $U(0;\epsilon) = (-\epsilon, \epsilon)$ だから $U(0;\epsilon) \cap A = (-\epsilon, \epsilon) \cap (0, 1) = (0, \min\{\epsilon, 1\}) \neq \emptyset$ となり，0 は A の集積点である．同様にして 1 も A の集積点であることが示せる．

(ii) また，$x \in A = (0,1)$ となる点 x は A の集積点である．実際，$0 < \delta < \min\{\epsilon, x\}$ とし，$y = x - \delta$ とおくと $0 < y < x$ で $x - y = \delta < \epsilon$ だから $y \in (U(x;\epsilon) \cap (A\setminus\{x\}))$ となるから x は A の集積点である．

(iii) $x < 0$ とすると，x は A の集積点ではない．実際，$0 < \epsilon < -x = |x|$ となる ϵ をとると $U(x;\epsilon) = (x-\epsilon, x+\epsilon)$ で $x + \epsilon < 0$ だから $U(x;\epsilon) \cap A = U(x;\epsilon) \cap (0,1) = \emptyset$ となり，x は A の集積点ではない．同様にして $1 < x$ となる点 x は A の集積点でないことが示せる．

したがって $\{x \in \mathrm{R} \mid x$ は A の集積点 $\} = \{x \in \mathrm{R} \mid x$ は A の触点 $\} = [0,1]$ である．

次に内点を求める．$x \in A = (0,1)$ となる点 x は A の内点である．実際，$0 < \epsilon < \min\{x, 1-x\}$ となる ϵ をとると，$U(x;\epsilon) = (x-\epsilon, x+\epsilon) \subset (0,1) = A$ となるから x は A の内点である．したがって $\{x \in \mathrm{R} \mid x$ は A の内点 $\} = (0,1) = A$ である．

例 5.2.1. R の部分集合 $A \subset \mathrm{R}$ を $A = \left\{\dfrac{1}{n} \mid n = 1, 2, \ldots\right\}$ とおく．

このとき，A に属する点はすべて集積点ではないこと，また A の集積点は $0 \in \mathrm{R}$ のみであることを示せ．

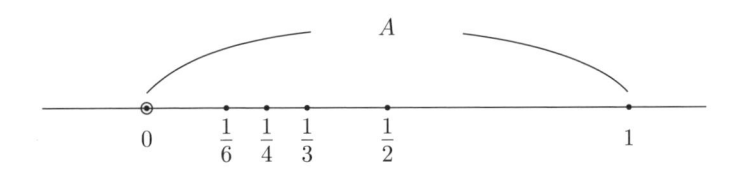

証明. (1) A の任意の点 $x = 1/n \in A$ は集積点でないことを示す．

$0 < \epsilon < 1/n(n-1)$ となる ϵ をとる．すると $U(x;\epsilon) \cap (A\setminus\{x\}) = \emptyset$ である．実際，A の中の x の隣の点である $1/(n-1)$ と $1/(n+1)$ を考えると $d(x, 1/(n-1)) = |1/(n-1) - 1/n| = 1/n(n-1) > \epsilon$，$d(x, 1/(n+1)) = |1/n - 1/(n+1)| = 1/n(n+1) > \epsilon$ だから $1/(n-1) \notin U(x;\epsilon)$，$1/(n+1) \notin U(x;\epsilon)$ となる．したがって $U(x;\epsilon) \cap (A\setminus\{x\}) = \emptyset$ となり，x は A の集積点ではない．

(2) $x = 0 \notin A$ は A の集積点であることを示す．実際，任意の $\epsilon > 0$ に対して $n > 1/\epsilon$ となる自然数 n をとると $d(x, 1/n) = |0 - 1/n| = 1/n < \epsilon$ となるから $1/n \in U(x; \epsilon) \cap A$ である．したがって x は A の集積点である．

(3) 次に 0 以外の点は A の集積点にならないことを示そう．$x \in A$ ならば x は A の集積点にならないことはすでに示した．

(i) $x > 1$ とする．$0 < \epsilon < x - 1$ となる ϵ をとると，A の任意の点 $1/n \in A$ に対して $d(x, 1/n) = |x - 1/n| = x - 1/n \geq x - 1 > \epsilon$ だから $1/n \notin U(x; \epsilon)$ となる．したがって $A \cap U(x; \epsilon) = \emptyset$ となり，x は A の集積点ではない．

(ii) $x < 0$ とする．$0 < \epsilon < |x|$ をとると，$d(x, 1/n) = |1/n - x| = |1/n + |x|| = 1/n + |x| > \epsilon$ となるから，x は A の集積点ではない．

(iii) $0 < x < 1$ で $x \notin A$ とする．$1/(n-1) < x < 1/n$ となる自然数 n をとり，$0 < \epsilon < \min\{1/n - x, x - 1/(n-1)\}$ となるような ϵ をとると $d(x; \epsilon) \cap A = \emptyset$ となり，x は A の集積点ではない．

実際，A の点で x に最も近い点は $1/(n-1)$ か $1/n$ であることに注意すると，$d(x, 1/(n-1)) = x - 1/(n-1) > \epsilon$ で，$d(x, 1/n) = 1/n - x > \epsilon$ であることより $d(x; \epsilon) \cap A = \emptyset$ となる． □

定義 5.2.3. 集合 $A \subset \mathbb{R}$ とする．A の触点全体からなる集合を A の**閉包**といい，$\overline{A}$ または $cl(A)$ と書く．

(注) 命題 5.2.1 により，$\overline{A} = A \cup \{x \in \mathbb{R} \mid x \notin A, x は A の集積点\}$ である．
閉包について成り立つ性質を述べる．

命題 5.2.3. 集合 $A, B \subset \mathbb{R}$ とする．
(1) $A \subset \overline{A}$
(2) $A \subset B \Longrightarrow \overline{A} \subset \overline{B}$
(3) $\overline{A \cup B} = \overline{A} \cup \overline{B}$
(4) $\overline{A \cap B} \subset \overline{A} \cap \overline{B}$
(5) $\overline{\overline{A}} = \overline{A}$

証明． (1) の証明．$x \in A$ ならば x は A の触点であることより明らか．
(2) の証明．$x \in \overline{A}$ とする．任意の $0 < \epsilon$ に対して x は A の触点だから

$U(x;\epsilon) \cap A \neq \emptyset$ である. $A \subset B$ だから $\emptyset \neq U(x;\epsilon) \cap A \subset U(x;\epsilon) \cap B$ となり x は B の触点である. したがって $x \in \overline{B}$ となり, $\overline{A} \subset \overline{B}$ が示せた.

(3) の証明. $A \subset A \cup B$ だから (2) より $\overline{A} \subset \overline{A \cup B}$ である. 同様に $\overline{B} \subset \overline{A \cup B}$ である. したがって $\overline{A} \cup \overline{B} \subset \overline{A \cup B}$ となる.

次に $\overline{A \cup B} \subset \overline{A} \cup \overline{B}$ を示そう. そのために, 「$x \in \overline{A \cup B} \Longrightarrow x \in \overline{A} \cup \overline{B}$」の対偶「$x \notin \overline{A} \cup \overline{B} \Longrightarrow x \notin \overline{A \cup B}$」を示す.

$x \notin \overline{A} \cup \overline{B}$ とする. すなわち, x は A の触点でもなくかつ B の触点でもないとする.

x が A の触点でないから $U(x;\epsilon_1) \cap A = \emptyset$ となる $0 < \epsilon_1$ が存在する. 同様に $U(x;\epsilon_2) \cap B = \emptyset$ となる $0 < \epsilon_2$ が存在する.

ここで $\epsilon = \min\{\epsilon_1, \epsilon_2\}$ とおくと $U(x;\epsilon) \subset U(x;\epsilon_1)$ かつ $U(x;\epsilon) \subset U(x;\epsilon_2)$ だから

$$U(x;\epsilon) \cap (A \cup B) = (U(x;\epsilon) \cap A) \cup (U(x;\epsilon) \cap B) = \emptyset$$

となる. したがって x は $A \cup B$ の触点ではない. $x \notin \overline{A \cup B}$ である.

(4) の証明. $A \cap B \subset A$ だから (2) より $\overline{A \cap B} \subset \overline{A}$ である. 同様に $\overline{A \cap B} \subset \overline{B}$ である. したがって $\overline{A \cap B} \subset \overline{A} \cap \overline{B}$ を得る.

(5) の証明. (1) より $A \subset \overline{A}$ である. すると (2) より $\overline{A} \subset \overline{\overline{A}}$ となる. 次に $\overline{\overline{A}} \subset \overline{A}$ を示そう. そのために, 「$x \in \overline{\overline{A}} \Longrightarrow x \in \overline{A}$」を示す.

任意の $0 < \epsilon$ をとる. $x \in \overline{\overline{A}}$ だから, $y \in U(x;\epsilon)$ となる $y \in \overline{A}$ が存在する.

$0 < \epsilon' < \epsilon - d(x,y)$ となる ϵ' をとると $U(y;\epsilon') \subset U(x;\epsilon)$ となる.

実際, $z \in U(y;\epsilon')$ とすると, 3角不等式より

$$d(x,z) \leq d(x,y) + d(y,z) < d(x,y) + \epsilon' < d(x,y) + \epsilon - d(x,y) = \epsilon$$

となるから $d(x,z) < \epsilon$ となる. したがって, $z \in U(x;\epsilon)$ を得るから $U(y;\epsilon') \subset U(x;\epsilon)$ である.

ところで, y は $y \in \overline{A}$, すなわち A の触点だから $U(y;\epsilon') \cap A \neq \emptyset$ となり, $\emptyset \neq U(y;\epsilon') \cap A \subset U(x;\epsilon) \cap A$ を得る. したがって, x は A の触点, $x \in \overline{A}$ となる. □

(注) 一般には $\overline{A \cap B} = \overline{A} \cap \overline{B}$ とはならない．次のような反例がある．
$A = \{x \in \mathrm{R} \,|\, 0 < x < 1\}$，$B = \{x \in \mathrm{R} \,|\, 1 < x < 2\}$ とおく．$A \cap B = \emptyset$ だから $\overline{A \cap B} = \overline{\emptyset} = \emptyset$ である．

一方 $\overline{A} = \{x \in \mathrm{R} \,|\, 0 \leq x \leq 1\}$ であり，$\overline{B} = \{x \in \mathrm{R} \,|\, 1 \leq x \leq 2\}$ だから $\overline{A} \cap \overline{B} = \{1\}$ となる．したがって $\overline{A \cap B} \neq \overline{A} \cap \overline{B}$ である．

問 5.2.2. $A_1, A_2, \ldots, A_n \subset \mathrm{R}$ とする．次のことを証明せよ．
(1) $\overline{A_1 \cup A_2 \cup \cdots \cup A_n} = \overline{A_1} \cup \overline{A_2} \cup \cdots \cup \overline{A_n}$ である．
(2) $\overline{A_1 \cap A_2 \cap \cdots \cap A_n} \subset \overline{A_1} \cap \overline{A_2} \cap \cdots \cap \overline{A_n}$ である．

有限個の集合の和集合の閉包は，各集合の閉包の和集合と等しくなることが，上の問により示せた．ただし，無限個の集合の和集合は必ずしも等しくならない．このことは間違い易いので注意が必要である．

問 5.2.3. $A_n \subset \mathrm{R}$ $(n = 1, 2, \ldots)$ とする．
(1) $\cup_{n=1}^{\infty} \overline{A_n} \subset \overline{\cup_{n=1}^{\infty} A_n}$ である．
(2) $\cup_{n=1}^{\infty} \overline{A_n} = \overline{\cup_{n=1}^{\infty} A_n}$ とならない例をあげよ．

(解) (1) $A_k \subset \cup_{n=1}^{\infty} A_n$ だから命題 5.2.3 の (2) より $\overline{A_k} \subset \overline{\cup_{n=1}^{\infty} A_n}$ となる．したがって，$\cup_{k=1}^{\infty} \overline{A_k} \subset \overline{\cup_{n=1}^{\infty} A_n}$ となる．
(2) $A_n = \{1/n\}$ とおく．明らかに $\overline{A_n} = A_n$ だから $\cup_{n=1}^{\infty} \overline{A_n} = \{1/n \,|\, n = 1, 2, \ldots\}$ となる．一方，集合 $\cup_{n=1}^{\infty} A_n = \{1/n \,|\, n = 1, 2, \ldots\}$ の閉包は，0 を集積点にもつから $\overline{\cup_{n=1}^{\infty} A_n} = \{1/n \,|\, n = 1, 2, \ldots\} \cup \{0\}$ となる．

したがって $\cup_{n=1}^{\infty} \overline{A_n} \neq \overline{\cup_{n=1}^{\infty} A_n}$ である．

問 5.2.4. $A_i \subset \mathrm{R}$ $(i \in I)$ とする．ただし I は任意の添字集合とする．このとき，$\overline{\cap_{i \in I} A_i} \subset \cap_{i \in I} \overline{A_i}$ であることを示せ．

(解) $\cap_{i \in I} A_i \subset A_j$ $(j \in I)$ だから，命題 5.2.3 の (2) より $\overline{\cap_{i \in I} A_i} \subset \overline{A_j}$ $(j \in I)$ となる．したがって $\overline{\cap_{i \in I} A_i} \subset \cap_{j \in I} \overline{A_j}$ を得る．

定義 5.2.4. R の部分集合 $F \subset \mathrm{R}$ が $\overline{F} = F$ となるとき，F を**閉集合**という．

問 5.2.5. 任意の集合 $A \subset \mathrm{R}$ とする．このとき $\overline{A}$ は A を含む最小の閉集合であることを示せ．すなわち，次の (1), (2) を示せ．

(1) $\overline{A}$ は A を含む閉集合であること.
(2) $B \subset \mathrm{R}$ が $A \subset B$ なる閉集合ならば $\overline{A} \subset B$ となること.

(**解**) (1) 命題 5.2.3 の (5) より $\overline{A}$ は閉集合である. また命題 5.2.3 の (1) より $A \subset \overline{A}$ となり A を含む.
(2) 命題 5.2.3 の (2) より, $A \subset B$ ならば $\overline{A} \subset \overline{B} = B$ となる.

次に閉集合全体のもつ性質を述べよう.

命題 5.2.4.
(1) R , $\emptyset$ は閉集合である.
(2) $F_1, F_2, \ldots, F_n \subset \mathrm{R}$ が閉集合ならば $\cup_{i=1}^n F_i$ は閉集合である. すなわち, 閉集合の有限個の和集合は閉集合である.
(3) $\{F_i\}_{i \in I}$, $F_i \subset \mathrm{R}$ を I を添字集合とする閉集合の族とする. このとき, その共通部分 $\cap_{i \in I} F_i$ は閉集合である. すなわち, 閉集合の任意個の共通部分は閉集合である.

証明. (2) の証明. 問の (1) と F_i が閉集合であることより $\overline{\cup_{i=1}^n F_i} = \cup_{i=1}^n \overline{F_i} = \cup_{i=1}^n F_i$ だから, $\cup_{i=1}^n F_i$ は閉集合である.
(3) の証明. 問と F_i が閉集合であることより $\overline{\cap_{i \in I} F_i} \subset \cap_{i \in I} \overline{F_i} = \cap_{i \in I} F_i$ となる. 逆に, 命題 5.2.3 の (1) より $\cap_{i \in I} F_i \subset \overline{\cap_{i \in I} F_i}$ である. したがって, $\overline{\cap_{i \in I} F_i} = \cap_{i \in I} F_i$ となるから $\cap_{i \in I} F_i$ は閉集合である. □

閉集合の例をあげる.

問 5.2.6. 次の各集合が閉集合であることを示せ.
(1) 一つの要素 $a \in \mathrm{R}$ からなる集合 $\{a\}$
(2) $-\infty < a < b < \infty$ とするとき, 閉区間 $[a,b] = \{x \in \mathrm{R} \mid a \leq x \leq b\}$
(3) 無限区間 $[a, \infty) = \{x \in \mathrm{R} \mid a \leq x\}$

問 5.2.7. 閉集合の可算個の和集合は必ずしも閉集合にならない例をあげよ.

定義 5.2.5. 部分集合 $A \subset \mathrm{R}$, 点 $x \in \mathrm{R}$ とする. $U(x; \epsilon) \subset A$ となる x の ϵ 近傍が存在するとき, x を A の内点という. また, A の内点全体からなる集合を A の**内部**といい, A° または $i(A)$ と書く.

内部のもつ性質をあげる.

命題 5.2.5. 集合 $A, B \subset \mathbf{R}$ とする.

(1) $A^\circ \subset A$
(2) $A \subset B \Longrightarrow A^\circ \subset B^\circ$
(3) $(A \cap B)^\circ = A^\circ \cap B^\circ$
(4) $A^\circ \cup B^\circ \subset (A \cup B)^\circ$
(5) $(A^\circ)^\circ = A^\circ$

証明. (1) の証明. $x \in A^\circ$ とする. 内点の定義よりある $\epsilon > 0$ が存在して, $U(x; \epsilon) \subset A$ となる. $x \in U(x; \epsilon)$ だから $x \in A$ となる. ゆえに $A^\circ \subset A$ である.

(2) の証明. $x \in A^\circ$ とする. ある $\epsilon > 0$ が存在して, $U(x; \epsilon) \subset A \subset B$ となる. これは $x \in B^\circ$ を意味する. ゆえに $A^\circ \subset B^\circ$ である.

(3) の証明. $A \cap B \subset A$ だから, (2) より $(A \cap B)^\circ \subset A^\circ$ となる. 同様にして $A \cap B \subset B$ より $(A \cap B)^\circ \subset B^\circ$ となる. したがって, $(A \cap B)^\circ \subset A^\circ \cap B^\circ$ を得る.

次に逆向きの包含関係を示そう. 任意の $x \in A^\circ \cap B^\circ$ とする. $x \in A^\circ$ より, ある $\epsilon_1 > 0$ が存在して $U(x; \epsilon_1) \subset A$ となる. 同様にして $x \in B^\circ$ より, ある $\epsilon_2 > 0$ が存在して $U(x; \epsilon_2) \subset B$ となる. そこで $\epsilon = \min\{\epsilon_1, \epsilon_2\}$ とおくと $U(x; \epsilon) \subset U(x; \epsilon_1) \subset A$ でかつ $U(x; \epsilon) \subset U(x; \epsilon_2) \subset B$ となるから $U(x; \epsilon) \subset A \cap B$ となり, $x \in (A \cap B)^\circ$ を得る.

したがって $A^\circ \cap B^\circ \subset (A \cap B)^\circ$ となる. 両方の包含関係をあわせて $(A \cap B)^\circ = A^\circ \cap B^\circ$ である.

(4) の証明. $A \subset A \cup B$ だから, (2) より $A^\circ \subset (A \cup B)^\circ$ となる. 同様にして $B^\circ \subset (A \cup B)^\circ$ である. ゆえに $A^\circ \cup B^\circ \subset (A \cup B)^\circ$ である.

(5) の証明. (1) より $A^\circ \subset A$ であり, (2) より $(A^\circ)^\circ \subset A^\circ$ となる.

次に逆向きの包含関係を示そう. 任意の $x \in A^\circ$ をとる. ある $\epsilon > 0$ が存在して, $U(x; \epsilon) \subset A$ となる. この $U(x; \epsilon)$ が $U(x; \epsilon) \subset A^\circ$ となる.

実際, 任意の $y \in U(x; \epsilon)$ とするとき, $y \in A^\circ$ となることを示す. $d(x, y) = |x - y| < \epsilon$ だから $0 < \epsilon' < \epsilon - |x - y|$ となる $\epsilon' > 0$ が存在する. y の

ϵ'-近傍 $U(y;\epsilon')$ を考えると，任意の $z \in U(y;\epsilon')$ は $d(x,z) = |x-z| \leq |x-y|+|y-z| < |x-y|+\epsilon' < \epsilon$ であるから $z \in U(x;\epsilon)$ である．すなわち $y \in A°$ である．したがって $A° \subset (A°)°$ が示せた． □

定義 5.2.6. R の部分集合 $O \subset$ R が $O° = O$ となるとき，O を**開集合**という．

問 5.2.8. 任意の集合 $A \subset$ R とする．このとき $A°$ は A に含まれる最大の開集合であることを示せ．すなわち，次の (1),(2) を示せ．
(1) $A°$ は A に含まれる開集合であること．
(2) $B \subset$ R が $B \subset A$ なる開集合ならば $B \subset A°$ となること．

証明． (1)．命題 5.2.5 の (5) より $(A°)° = A°$ だから $A°$ は開集合である．また 命題 5.2.5 の (1) より $A° \subset A$ だから，$A°$ は A に含まれる開集合である．
(2)．命題 5.2.5 の (2) と B が開集合であることより $B = B° \subset A°$ となる． □

命題 5.2.6. 集合 $O \subset$ R とする．このとき，(1),(2) は同値である．
(1) O が開集合
(2) 任意の点 $x \in O$ に対して，$U(x;\epsilon) \subset O$ となる $0 < \epsilon$ が存在する．

開集合全体のもつ性質について述べる．閉集合全体のもつ性質と比較することが大事である．

命題 5.2.7.
(1) R , $\emptyset$ は開集合である．
(2) $\{O_i\}_{i \in I}$, $O_i \subset$ R を I を添字集合とする開集合の族とする．このとき，その和集合 $\cup_{i \in I} O_i$ は開集合である．すなわち，開集合の任意個の和集合は開集合である．
(3) $O_1, O_2, \ldots, O_n \subset$ R が開集合ならば $\cap_{i=1}^n O_i$ は開集合である．すなわち，開集合の有限個の共通部分は開集合である．

証明. (2) の証明. 任意の $j \in I$ とする. $O_j \subset \cup_{i \in I} O_i$ だから, 命題 5.2.5 の (2) と O_j が開集合であることより $O_j = O_j^\circ \subset (\cup_{i \in I} O_i)^\circ$ である. ゆえに $\cup_{j \in I} O_j \subset (\cup_{i \in I} O_i)^\circ$ である.

逆向きの包含関係は, 命題 5.2.5 の (1) よりでるから, $(\cup_{i \in I} O_i)^\circ = \cup_{j \in I} O_j$ となり開集合であることが示せた.

(3) の証明. $(\cap_{i=1}^n O_i)^\circ \subset \cap_{i=1}^n O_i$ であることは命題 5.2.5 の (1) よりでる.

逆向きの包含関係を示す. 任意の $x \in \cap_{i=1}^n O_i$ とする. 各 $i \in \{1, 2, \ldots, n\}$ に対して $x \in O_i$ で, O_i が開集合であることから, ある $\epsilon_i > 0$ が存在して $U(x; \epsilon_i) \subset O_i$ となる. そこで $\epsilon = \min\{\epsilon_1, \epsilon_2, \ldots, \epsilon_n\}$ とおくと, $U(x; \epsilon) \subset U(x; \epsilon_i) \subset O_i$ $(i = 1, 2, \ldots, n)$ となる.

したがって $U(x; \epsilon) \subset \cap_{i=1}^n O_i$ となるから $x \in (\cap_{i=1}^n O_i)^\circ$ である.

ゆえに $\cap_{i=1}^n O_i \subset (\cap_{i=1}^n O_i)^\circ$ が示せた. $(\cap_{i=1}^n O_i)^\circ = \cap_{i=1}^n O_i$ となるから $\cap_{i=1}^n O_i$ は開集合である. □

開集合と閉集合との間には次の関係がある.

命題 5.2.8. 集合 $A \subset \mathrm{R}$ とする. このとき,

A が閉集合 $\iff A^C$ が開集合

証明. ($\Longrightarrow$) の証明. 任意の $x \in A^C$ とする. A が閉集合だから x は A の触点ではない. したがって, ある $\epsilon > 0$ が存在して $U(x, \epsilon) \cap A = \emptyset$ となる. すなわち $U(x; \epsilon) \subset A^C$ となる. ゆえに, x は A^C の内点となるから A^C は開集合である.

($\Longleftarrow$) の証明. $x \notin A$ とする. $x \in A^C$ で A^C が開集合だから, ある $\epsilon > 0$ が存在して $U(x; \epsilon) \subset A^C$ となる. すなわち $U(x; \epsilon) \cap A = \emptyset$ となる. したがって x は A の触点ではない. ゆえに, A は閉集合である. □

定義 5.2.7. 集合 $A \subset \mathrm{R}$ とする. A の境界点全体からなる集合を A の**境界**といい, $b(A)$ と書く.

集合 $A \subset \mathrm{R}$ とするとき, 実数全体 R は, 次の命題が表わすように互いに共通部分をもたない A の内部, A の境界, A^C の内部の和集合に分割される.

命題 5.2.9. 集合 $A \subset \mathrm{R}$ とする.
(1) A の境界 $b(A)$ は $b(A) = \overline{A} \cap \overline{A^C}$ となり閉集合である.
(2) $A^\circ \cap b(A) = b(A) \cap (A^C)^\circ = A^\circ \cap (A^C)^\circ = \emptyset$ で $\mathrm{R} = A^\circ \cup b(A) \cup (A^C)^\circ$ である.

証明. (1) の証明. $x \in b(A)$ とすると,境界の定義より明らかに $x \in \overline{A}$ でかつ $x \in \overline{A^C}$ となるから,$x \in \overline{A} \cap \overline{A^C}$ となる. 逆も同様であり,$b(A) = \overline{A} \cap \overline{A^C}$ となり閉集合であることが示せた.

(2) の証明. $x \in A^\circ$ ならば,ある $\epsilon > 0$ が存在して $U(x; \epsilon) \subset A$ となるから $U(x; \epsilon) \cap A^C = \emptyset$ である. したがって $x \notin b(A)$ となる. ゆえに $A^\circ \cap b(A) = \emptyset$ である. $b(A) \cap (A^C)^\circ = \emptyset$ も同様に示せる.

また $A^\circ \cap (A^C)^\circ \subset A \cap A^C = \emptyset$ より,$A^\circ \cap (A^C)^\circ = \emptyset$ である.

次に $\mathrm{R} = A^\circ \cup b(A) \cup (A^C)^\circ$ を示そう. $x \in \mathrm{R}$ とする. $x \notin b(A)$ とするとき $x \in A^\circ$ または $x \in (A^C)^\circ$ となることを示せばよい. $x \in A$ の場合,$x \notin b(A)$ より $x \in A^\circ$ が導かれる. $x \notin A$ の場合も,同様にして $x \in (A^C)^\circ$ がでる. したがって $\mathrm{R} = A^\circ \cup b(A) \cup (A^C)^\circ$ である. □

定理 5.2.1. (Bolzano-Weierstrass) 実数の集合 $A \subset \mathrm{R}$ が有界な無限集合ならば,A は集積点をもつ.

証明. A は有界だから,ある有界区間 $[a_1, b_1] = \{x \in \mathrm{R} \mid a_1 \leq x \leq b_1\}$ に含まれる. したがって,区間 $[a_1, b_1]$ は A に属する点を含む.

次に区間 $[a_1, b_1]$ について考える. 区間 $[a_1, b_1]$ を 2 等分した 2 つの区間 $[a_1, (a_1 + b_1)/2]$,$[(a_1 + b_1)/2, b_1]$ に対して,A は無限集合だからその 2 つの区間のうち少なくとも一方に A に属する無限個の点を含む. すなわち $A \cap [a_1, (a_1 + b_1)/2]$ が無限集合か,または $A \cap [(a_1 + b_1)/2, b_1]$ が無限集合である.

2 つの区間のうちで無限集合となる区間を $[a_2, b_2]$ とする. 言い換えると,$A \cap [a_1, (a_1 + b_1)/2]$ が無限集合であれば $a_2 = a_1$,$b_2 = (a_1 + b_1)/2$ とし,$A \cap [(a_1 + b_1)/2, b_1]$ が無限集合であれば $a_1 = (a_1 + b_1)/2$,$b_2 = b_1$ とする. 両方とも無限集合になればそのいずれかとする.

さらに区間 $[a_2,b_2]$ に対して同様のことを考える．すなわち，$[a_2,b_2]$ を2等分した2つの区間を考え，そのうちの A の無限の点を含む方の区間を $[a_3,b_3]$ とする．

このような操作を繰り返して，有界区間の列

$$[a_1,b_1] \supset [a_2,b_2] \supset \cdots \supset [a_n,b_n] \supset \cdots$$

を得る．

また $b_n - a_n = \dfrac{b-a}{2^n}$ だから $\lim_{n\to\infty}(b_n - a_n) = 0$ となる．系 5.1.1 およびその証明より $x = \lim_{n\to\infty} a_n = \lim_{n\to\infty} b_n$ とおくと $x \in \cap_{n=1}^{\infty}[a_n,b_n]$ である．この x が集合 A の集積点である．

実際，任意に $\epsilon > 0$ をとる．$x = \lim_{n\to\infty} a_n = \lim_{n\to\infty} b_n$ だから，ある自然数 N が存在して $n \geq N \Longrightarrow x - \epsilon < a_n < b_n < x + \epsilon$ となる．したがって，特に $n = N$ とすると $[a_N, b_N] \subset U(x;\epsilon)$ である．区間 $[a_N, b_N]$ のなかに集合 A の無限個の点を含むから $(A\backslash\{x\}) \cap U(x;\epsilon) \neq \emptyset$ となり，点 x が A の集積点であることが示せた． □

問 5.2.9. 次の各問に答えよ．
(1) $A = \{1,2,3,\ldots\} \subset \mathrm{R}$ は集積点をもたないことを示せ．
(2) $A = \{(-1)^n + (-1)^n \dfrac{1}{n} \mid n \in \mathrm{N}\}$ とおく，A の集積点を求めよ．

数列 $\{x_n\}_{n=1}^{\infty}$ とする．すなわち数列 $x_1, x_2, x_3, \ldots$ を考える．

$\{x_n\}_{n=1}^{\infty}$ から抜き出した数列，$1 \leq k(1) < k(2) < k(3) < \ldots$ とするとき，数列 $\{x_{k(n)}\}_{n=1}^{\infty}$，すなわち $x_{k(1)}, x_{k(2)}, x_{k(3)}, \ldots$ を数列 $\{x_n\}_{n=1}^{\infty}$ の部分列という．

例 5.2.2. 数列 $\left\{(1+(-1)^n) + (-1)^n \dfrac{1}{n}\right\}_{n=1}^{\infty}$，具体的に書き下すと $-1, 5/2, -1/2, 7/3, -1/3, \ldots$ とする．このとき $-1, -1/2, -1/3, -1/4, \ldots$ は（一つの）部分列である．

命題 5.2.10.（**Bolzano-Weierstrass**）有界な実数列は収束する部分列をもつ．すなわち，$\{x_n\}_{n=1}^{\infty}$ を有界な数列とする．このとき，$\{x_n\}_{n=1}^{\infty}$ の部分列 $\{x_{k(n)}\}_{n=1}^{\infty}$ が存在して，$\{x_{k(n)}\}_{n=1}^{\infty}$ は収束する．

証明. 数列 $\{x_n\}_{n=1}^{\infty}$ が集合として有限集合になるとき，すなわち $A = \{x_n \mid n \in \mathbb{N}\} \subset \mathbb{R}$ が有限集合であるときは，少なくとも $\{x_n \mid n \in \mathbb{N}\}$ のうちどれか一つは無限に繰り返して現れているから，それをとりだして部分列を作ればよい．

したがって，$\{x_n \mid n \in \mathbb{N}\} \subset \mathbb{R}$ が無限集合の場合を示せば良い．定理 5.2.1 より集合 $\{x_n \mid n \in \mathbb{N}\}$ は集積点をもつから，集積点の一つを x とする．x に収束する部分列を以下のようにして作る．

x は集積点だから $U(x;1) \cap (A \setminus \{x\}) \neq \emptyset$ である．$x_{k(1)} \in A$, $x_{k(1)} \neq x$ となる $x_{k(1)} \in U(x;1)$ が存在する．

次に，$U(x;1/2) \cap (A \setminus \{x\}) \neq \emptyset$ であるから $x_{k(2)} \in A$, $x_{k(2)} \neq x$ で $k(1) < k(2)$ となる $x_{k(2)} \in U(x;1/2)$ が存在する．

このことを繰り返して，数列 $\{x_n\}_{n=1}^{\infty}$ の部分列 $\{x_{k(n)}\}_{n=1}^{\infty}$ が存在して，$x_{k(n)} \in U(x;1/n)$ とできる．

この部分列 $\{x_{k(n)}\}_{n=1}^{\infty}$ は x に収束する．実際，任意の $\epsilon > 0$ に対して，$1/N < \epsilon$ となる自然数 N が存在する．すると

$$n \geq N \Longrightarrow d(x_{k(n)}, x) = |x_{k(n)} - x| < \frac{1}{n} < \frac{1}{N} < \epsilon$$

となる． □

5.3　R 上の連続関数

この節では写像 $f : \mathbb{R} \to \mathbb{R}$ が連続であることの定義や，$\mathbb{R}$ の部分集合 $A \subset \mathbb{R}$ から $\mathbb{R}$ への写像 $f : A \to \mathbb{R}$ が連続であることの定義をし，性質を調べる．A が有界閉区間である場合には，f が最大値・最小値をもつこと・中間値の定理・f による像の有界閉区間性などの性質を述べる．なお，この節のように写像 f のとる値が実数であるときは，写像を関数ともいう．

定義 5.3.1. 写像（関数）$f : \mathbb{R} \to \mathbb{R}$ とする．任意の開集合 $O \subset \mathbb{R}$ に対して，逆像 $f^{-1}(O) \subset \mathbb{R}$ が開集合となるとき，f は $\mathbb{R}$ から $\mathbb{R}$ への**連続写像**（**連続関数**）という．

定義 5.3.2. 写像 $f : \mathbb{R} \to \mathbb{R}$ とする．点 $a \in \mathbb{R}$ とする．

$f(a) \in \mathrm{R}$ の任意の ε-近傍 $U(f(a); \epsilon) = \{y \in \mathrm{R} \mid d(y, f(a)) = |y - f(a)| < \epsilon\}$ に対して, ある $\delta > 0$ が存在して a の δ-近傍 $U(a; \delta) = \{x \in \mathrm{R} \mid d(x, a) = |x - a| < \delta\}$ の, f による $U(a; \delta)$ の像が $U(f(a); \epsilon)$ に含まれる, $f(U(a; \delta)) \subset U(f(a); \epsilon)$ のとき, すなわち

$$d(x, a) = |x - a| < \delta \implies d(f(x), f(a)) = |f(x) - f(a)| < \epsilon$$

となるとき, 写像 f は**点 a** で**連続**であるという. f が A のすべての点で連続であるとき, f は A **上で連続**であるという.

命題 5.3.1. 写像 $f : \mathrm{R} \to \mathrm{R}$ とする. (1),(2) は同値である.
(1) f は連続である.
(2) f は R のすべての点で連続である.

証明. (1) $\implies$ (2) の証明. 各点 $a \in \mathrm{R}$ で連続であることを示す. 任意の $\epsilon > 0$ とする. $U(f(a); \epsilon)$ は開集合だから f による逆像 $f^{-1}(U(f(a); \epsilon))$ は開集合である. また $a \in f^{-1}(U(f(a); \epsilon))$ だから, ある $\delta > 0$ が存在して $U(a; \delta) \subset f^{-1}(U(f(a); \epsilon))$ となる. したがって, $f(U(a; \delta)) \subset U(f(a); \epsilon)$ となる. すなわち, f は a で連続である.
(2) $\implies$ (1) の証明. 任意の開集合 $O \subset \mathrm{R}$ とする. f による逆像 $f^{-1}(O)$ が開集合であることを示す. $a \in f^{-1}(O)$ とする. $f(a) \in O$ で O は開集合だから, ある $\epsilon > 0$ が存在して $U(f(a); \epsilon) \subset O$ とできる. f は a で連続だから, ある $\delta > 0$ が存在して $f(U(a; \delta)) \subset U(f(a); \epsilon) \subset O$ となる. したがって, $U(a; \delta) \subset f^{-1}(O)$ となるから a は $f^{-1}(O)$ の内点である. ゆえに, $f^{-1}(O)$ が開集合である. □

命題 5.3.2. 写像 $f : \mathrm{R} \to \mathrm{R}$ とする. (1),(2) は同値である.
(1) f は連続である.
(2) R の任意の閉集合 $F \subset \mathrm{R}$ の逆像 $f^{-1}(F)$ は閉集合である.

証明. (1) $\implies$ (2) の証明. 任意の閉集合 $F \subset \mathrm{R}$ とする. F^C は開集合で f は連続だから $f^{-1}(F^C)$ は開集合である. また $(f^{-1}(F))^C = f^{-1}(F^C)$ だから $f^{-1}(F)$ は閉集合である.

(2) ⟹ (1) の証明．任意の開集合 $O \subset \mathbb{R}$ とする．O^C は閉集合であり，f は (2) を満たすから $f^{-1}(O^C)$ は閉集合である．

また $(f^{-1}(O))^C = f^{-1}(O^C)$ だから $f^{-1}(O)$ は開集合となり f が連続であることが示せた． □

命題 5.3.3. 写像 $f : \mathbb{R} \to \mathbb{R}$ とする．(1),(2) は同値である．
(1) f は点 $a \in \mathbb{R}$ で連続である．
(2) 実数列 $\{x_n\}_{n=1}^{\infty}$ が a に収束するならば，$\{f(x_n)\}_{n=1}^{\infty}$ が $f(a)$ に収束する．

証明． (1) ⟹ (2). 任意の $\epsilon > 0$ とする．f は点 a で連続だから，ある $\delta > 0$ が存在して $f(U(a;\delta)) \subset U(f(a);\epsilon)$ となる．また $\lim_{n \to \infty} x_n = a$ だから，ある自然数 N が存在して，$n \geq N$ ならば $x_n \in U(a;\delta)$ となる．したがって，$n \geq N$ ならば $f(x_n) \in U(f(a);\epsilon)$ である．これは $\lim_{n \to \infty} f(x_n) = f(a)$ を意味する．

(2) ⟹ (1). 背理法で示す．f が点 $a \in \mathbb{R}$ で連続でないとする．すなわち，ある $\epsilon > 0$ が存在して，どんな $\delta > 0$ に対しても $f(U(a;\delta)) \not\subset U(f(a);\epsilon)$ である．すると，各自然数 n に対して，$x_n \in U(a;1/n)$ で $f(x_n) \notin U(f(a);\epsilon)$ となる x_n が存在する．数列 $\{x_n\}_{n=1}^{\infty}$ は $\{x_n\}_{n=1}^{\infty}$ の作り方より a に収束し，かつ $\{f(x_n)\}_{n=1}^{\infty}$ は $f(a)$ に収束していない．これは (2) に反する． □

問 5.3.1. 写像 $f : \mathbb{R} \to \mathbb{R}$ を $f(x) = x^2$ とする．次の問に答えよ．
(1) f が連続であることを示せ．
(2) 条件 "開集合 $O \subset \mathbb{R}$ の像 $f(O)$ は開集合である" は成り立つか．

(解) (1) 任意の点 $a \in \mathbb{R}$ で連続であることを示す．
(2) 成り立たない．反例がある．O を開区間 $O = (-1, 1)$ とする．$f(O) = [0, 1)$ となり，$[0, 1)$ は開集合ではない．

問 5.3.2. 連続写像 $f : \mathbb{R} \to \mathbb{R}$ とし，集合 $A \subset \mathbb{R}$ とする．以下のことを証明せよ．
(1) $\overline{f^{-1}(A)} \subset f^{-1}(\overline{A})$
(2) $f^{-1}(A)^\circ \supset f^{-1}(A^\circ)$

高校の数学や微積分学で学んでいるように，集合 $A \subset \mathbf{R}$ から $\mathbf{R}$ への写像（関数）に対して，次のように関数の和，積などを定義する．

定義 5.3.3. f, g を集合 $A \subset \mathbf{R}$ から $\mathbf{R}$ への写像（関数）とする．実数 λ とする．

$A \subset \mathbf{R}$ から $\mathbf{R}$ への写像（関数）$f + g, \lambda f, fg, \dfrac{g}{f}$ を次のように定義する．
(1) $(f+g)(x) = f(x) + g(x) \quad (x \in A)$
(2) $(\lambda f)(x) = \lambda f(x) \quad (x \in A)$
(3) $(fg)(x) = f(x)g(x) \quad (x \in A)$
(4) $\left(\dfrac{g}{f}\right)(x) = \dfrac{g(x)}{f(x)} \quad (x \in A)$ ，ただし，$f(x) \neq 0$ とする．

次の命題は微積分学でよく知られている．

命題 5.3.4. f, g を集合 $A \subset \mathbf{R}$ から $\mathbf{R}$ への写像（関数）とし，実数 λ とする．f, g が点 $a \in A$ で連続とする．このとき
(1) $f + g$ は点 a で連続である．
(2) λf は点 a で連続である．
(3) fg は点 a で連続である．
(4) $\dfrac{g}{f}$ は点 a で連続である．

証明． (1) の証明．任意の $\epsilon > 0$ に対して，f は点 a で連続だからある $\delta_1 > 0$ が存在して

$$|x - a| < \delta_1, x \in A \Longrightarrow |f(x) - f(a)| < \frac{\epsilon}{2}$$

となる．同様に g は点 a で連続だからある $\delta_2 > 0$ が存在して

$$|x - a| < \delta_2, x \in A \Longrightarrow |g(x) - g(a)| < \frac{\epsilon}{2}$$

となる．そこで $\delta = \min\{\delta_1, \delta_2\}$ とおくと，

$$\begin{aligned}|x - a| < \delta, x \in A \Longrightarrow &|(f+g)(x) - (f+g)(a)| \\ = &|f(x) - f(a) + g(x) - g(a)| \\ \leq &|f(x) - f(a)| + |g(x) - g(a)| \\ < &\frac{\epsilon}{2} + \frac{\epsilon}{2} = \epsilon\end{aligned}$$

となるから $f+g$ は点 a で連続である.

(3) の証明. 任意の $\epsilon > 0$ とする. f は点 a で連続だから, 1 に対してある $\delta_1 > 0$ が存在して

$$|x-a| < \delta_1, x \in A \Longrightarrow |f(x) - f(a)| < 1$$

である. すると $||f(x)| - |f(a)|| \leq |f(x) - f(a)|$ だから

$$|x-a| < \delta_1, x \in A \Longrightarrow |f(x)| < |f(a)| + 1$$

となる. さらに f が連続であることより, ある $\delta_2 > 0$ が存在して

$$|x-a| < \delta_2, x \in A \Longrightarrow |f(x) - f(a)| < \frac{\epsilon}{2|g(a)|}$$

となる. g が連続だから, ある $\delta_3 > 0$ が存在して

$$|x-a| < \delta_2, x \in A \Longrightarrow |g(x) - g(a)| < \frac{\epsilon}{2(|f(a)|+1)}$$

となる. $\delta = \min\{\delta_1, \delta_2, \delta_3\}$ とおく. すると

$$\begin{aligned}
|x-a| < \delta, x \in A \Longrightarrow &|f(x)g(x) - f(a)g(a)| \\
= &|f(x)(g(x) - g(a)) + (f(x) - f(a))g(a)| \\
\leq &|f(x)(g(x) - g(a))| + |(f(x) - f(a))g(a)| \\
= &|f(x)||(g(x) - g(a))| + |(f(x) - f(a))||g(a)| \\
< &(|f(a)| + 1)\frac{\epsilon}{2(|f(a)|+1)} + \frac{\epsilon}{2|g(a)|}|g(a)| \\
= &\frac{\epsilon}{2} + \frac{\epsilon}{2} = \epsilon
\end{aligned}$$

となるので, fg は点 a で連続である. □

命題 5.3.5. (**最大値・最小値定理**) 有界閉区間上で連続な関数は最大値と最小値をもつ. すなわち, 閉区間 $[a,b]$ から $\mathbb{R}$ への写像 $f : [a,b] \to \mathbb{R}$ が $[a,b]$ 上で連続ならば, f は最大値と最小値をもつ. ただし, $-\infty < a < b < \infty$ とする.

証明. (1) f による閉区間 $[a,b]$ の像 $f([a,b]) = \{f(x) \mid x \in [a,b]\}$ が上方に有界であることを示す．背理法による．

$f([a,b])$ が上方に有界でないとする．すると $1 < f(x_1)$ となる $a \le x_1 \le b$ が存在する．同様に $2 < f(x_2)$ となる $a \le x_2 \le b$ が存在する．同様なことを考えると，区間 $[a,b]$ の点からなる点列 $\{x_n\}_{n=1}^\infty$ が存在して $n < f(x_n)$ $(n=1,2,\ldots)$ となる．

命題 5.2.10 により有界数列は収束する部分列をもつから，列 $\{x_n\}_{n=1}^\infty$ は収束する部分列 $\{x_{k(n)}\}_{n=1}^\infty$ をもつ．$a \le x_{k(n)} \le b$ $(n=1,2,\cdots)$ だから，極限を $x = \lim_{n\to\infty} x_{k(n)}$ とおくと $x \in [a,b]$ である．f は区間 $[a,b]$ で連続だから $f(x) = \lim_{n\to\infty} f(x_{k(n)})$ である．

一方 $f(x_{k(n)}) > k(n) \ge n$ だから，これは矛盾である．

(2) 同様にして，$f([a,b])$ が下方に有界であることが示せる．

(3) $f([a,b]) \subset \mathrm{R}$ の最小上界 (上限) を M とおく．すなわち，$M = \sup f([a,b])$ とおく．M が f の最大値であることを示す．

$M = \lim_{n\to\infty} f(x_n)$ となる数列 $\{x_n\}_{n=1}^\infty, (x_n \in [a,b])$ が存在する．この数列に対して命題 5.2.10 により，収束する部分列 $\{x_{k(n)}\}_{n=1}^\infty$ が存在するから，その極限を $x_0 = \lim_{n\to\infty} x_{k(n)}$ とおく．すると $x_0 \in [a,b]$ で f は連続だから

$$f(x_0) = \lim_{n\to\infty} f(x_{k(n)}) = M$$

となる．したがって $f(x_0) = M$ で $x_0 \in [a,b]$ だから，f は x_0 で最大値 M をとる．

(4) 最小値をとることも，ほぼ同様にして示せる． □

命題 5.3.6. (**中間値の定理**) 有界閉区間 $[a,b]$ から R への写像 $f:[a,b] \to \mathrm{R}$ が $[a,b]$ 上で連続で，$f(a)f(b) < 0$ ならば $f(c) = 0$ となる $a < c < b$ が存在する．

証明. $f(a) < 0$ かつ $f(b) > 0$ の場合を示す．集合 $A = \{x \in [a,b] \mid f(x) \le 0\} \subset [a,b]$ とおく．$c = \sup A$ とおくと，$f(c) = 0$ であることを示す．背理法による．

(i) $f(c) < 0$ と仮定する．$c < b$ であることに注意する．$0 < \epsilon < -f(c)$ となる $\epsilon > 0$ をとると，この ϵ に対して f は連続だから

$$d(x,c) = |x - c| < \delta', x \in [a,b] \Longrightarrow d(f(x), f(c)) = |f(x) - f(c)| < \epsilon$$

となるような $\delta' > 0$ が存在する．$0 < \delta < \min\{\delta', b-c\}$ となる $\delta > 0$ をとると $c < c+\delta < b$ より $c+\delta \in [a,b]$ で，$|(c+\delta) - c| = \delta < \delta'$ だから $|f(c+\delta) - f(c)| < \epsilon$ となる．したがって，$f(c+\delta) < f(c) + \epsilon < 0$ となり，$c+\delta \in A$ となるから c が A の最小上界であることに反する．

(ii) $f(c) > 0$ と仮定する．$a < c$ であることに注意する．$0 < \epsilon < f(c)$ となる $\epsilon > 0$ をとる．この $\epsilon > 0$ に対して f は連続だから

$$d(x,c) = |x - c| < \delta', x \in [a,b] \Longrightarrow d(f(x), f(c)) = |f(x) - f(c)| < \epsilon$$

となるような $\delta' > 0$ が存在する．そこで $0 < \delta < \min\{\delta', c-a\}$ となる $\delta > 0$ をとる．$a < c - \delta$ になる．

すると $c - \delta < x < c$ ならば $f(x) > 0$ である．実際，

$$|x - c| < \delta < \delta' \Longrightarrow |f(x) - f(c)| < \epsilon$$

となる．したがって，$0 < f(c) - \epsilon < f(x)$ となる．これは c が集合 A の最小上界であることに反する．

(i) (ii) より $f(c) = 0$ である． □

系 5.3.1. 有界閉区間 $[a,b]$ から R への写像 $f : [a,b] \to$ R が $[a,b]$ 上で連続とする．$f(a) \neq f(b)$ のとき，f は $f(a)$ と $f(b)$ との間にある任意の値をとる．

証明． $f(a) < f(b)$ とする．任意の $f(a) < y_0 < f(b)$ に対して $f(x_0) = y_0$ となる $a < x_0 < b$ が存在することを示す．

$x \in [a,b]$ に対して $g(x) = f(x) - y_0$ とおくと，写像 $g : [a,b] \to$ R は $[a,b]$ 上で連続である．$g(a) = f(a) - y_0 < 0$ で $g(b) = f(b) - y_0 > 0$ だから，$g(x_0) = 0$ となる $a < x_0 < b$ が存在する．したがって，$f(x_0) = y_0$ を得る． □

問 5.3.3. 写像 $f : [0,1] \to \mathrm{R}$ が閉区間 $[0,1]$ 上で連続で，$f([0,1]) \subset [0,1]$ ならば $f(x) = x$ となる $x \in [0,1]$ が存在することを証明せよ．

（注） この問が主張する命題は，「不動点定理」の簡単な例になっている．

次に有界閉区間の連続写像による像が有界閉区間になることを述べる．

命題 5.3.7. 有界閉区間 $[a,b]$ から R への連続写像 $f : [a,b] \to \mathrm{R}$ の像 $f([a,b])$ は有界閉区間である．

証明． f が点 a_0 で最大値 $M = f(a_0)$ をとり，点 b_0 で最小値 $m = f(b_0)$ をとるとする．このとき $f([a,b]) = [m,M]$ となることを示す．

$m = M$ の場合（すなわち，定数値関数の場合）は明らかであるから $m < M$ とする．

任意の $f(a_0) = m < y_0 < M = f(b_0)$ に対して，中間値の定理 5.3.6 の系により $f(x_0) = y_0$ となる $a_0 < x_0 < b_0$ が存在する．したがって $[m,M] \subset f([a,b])$ である．逆に $f([a,b]) \subset [m,M]$ は明らかであるから $f([a,b]) = [m,M]$ となる． □

練習問題

(1) 次の問に答えよ．

(i) $x_n = (-1)^{n-1} + \dfrac{1}{n}$ $(n = 1, 2, \ldots)$ とおく．数列 $\{x_n\}_{n=1}^{\infty}$ は有界であることを示せ．．

(ii) $x_n = (-1)^{n-1}n$ $(n = 1, 2, \ldots)$ とおく．数列 $\{x_n\}_{n=1}^{\infty}$ は有界でないことを示せ．

(2) 次の問に答えよ．

(i) 集合 $A = \{x \in \mathrm{R} \,|\, 0 < x, 2 < x^2\}$ とおく．$\inf A$ を求めよ．

(ii) 漸化式で定義された数列を

$$x_1 = 2,\ x_{n+1} = \frac{1}{2}\left(x_n + \frac{2}{x_n}\right)\ (n = 1, 2, \ldots)$$

とする．数列 $\{x_n\}_{n=1}^{\infty}$ が収束することを示し，その極限値を求めよ．

(3) $A_1, A_2, \ldots, A_n \subset \mathrm{R}$ とする．次のことを証明せよ．
　(i) $\overline{A_1 \cup A_2 \cup \cdots \cup A_n} = \overline{A_1} \cup \overline{A_2} \cup \cdots \cup \overline{A_n}$ である．
　(ii) $\overline{A_1 \cap A_2 \cap \cdots \cap A_n} \subset \overline{A_1} \cap \overline{A_2} \cap \cdots \cap \overline{A_n}$ である．

(4) 連続写像 $f: \mathrm{R} \to \mathrm{R}$ とし，集合 $A \subset \mathrm{R}$ とする．以下のことを証明せよ．
　(i) $\overline{f^{-1}(A)} \subset f^{-1}(\overline{A})$
　(ii) $f^{-1}(A)^\circ \supset f^{-1}(A^\circ)$

(5) 写像 $f: [0,1] \to \mathrm{R}$ が閉区間 $[0,1]$ 上で連続で，$f([0,1]) \subset [0,1]$ ならば $f(x) = x$ となる $x \in [0,1]$ が存在することを証明せよ．

第6章

距離空間

 この章では位相空間の重要な例である距離空間を取り扱う．位相空間のイメージをつかむためにも距離空間は大事な役割を果たす．微積分を厳密に取り扱うために $\epsilon - \delta$ 論法により収束が定式化された．さらに関数列の収束を議論するためには2つの関数の間の"距離"を考え，その距離が0に近づくことで関数列の収束性を定義することが議論された．

 このように近さ，遠さ，収束などの概念を"距離"を用いて議論することは重要である．この章ではユークリッド空間 R^k を念頭におきながら一般の距離空間を導入しよう．

6.1　R^k 上の距離

 k 個の実数の組 $x = (x_1, x_2, \ldots, x_k)$ 全体からなる集合を R^k とする．すなわち
$$R^k = \{x = (x_1, x_2, \ldots, x_k) \mid x_1, x_2, \ldots, x_k \in R\}$$
とおく．また $x = (x_1, x_2, \ldots, x_k), y = (y_1, y_2, \ldots, y_k) \in R^k$ に対して，各成分が等しいとき，すなわち $x_1 = y_1, x_2 = y_2, \ldots, x_k = y_k$ のとき，$x = y$ と書く．

 $k = 2$ のとき，すなわち R^2 のときは，R^2 は幾何的には平面で表示され，平面上の点に対してその座標 (x_1, x_2) により R^2 の要素 $(x_1, x_2) \in R^2$ を表示

している．あるいは，線形代数との関連でいえば，原点を始点とし点 (x_1, x_2) を終点とする**ベクトル**とも見なせる．しばらく，ベクトル的な見方による議論を行う．

定義 6.1.1. $x = (x_1, x_2, \ldots, x_n), y = (y_1, y_2, \ldots, y_n) \in \mathrm{R}^n$, $\lambda \in \mathrm{R}$ とする．このとき，x と y の和 $x+y$ と，実数倍 λx とを，

$$x + y = (x_1 + y_1, x_2 + y_2, \ldots, x_n + y_n) \tag{6.1}$$

$$\lambda x = (\lambda x_1, \lambda x_2, \ldots, \lambda x_n) \tag{6.2}$$

とおく．

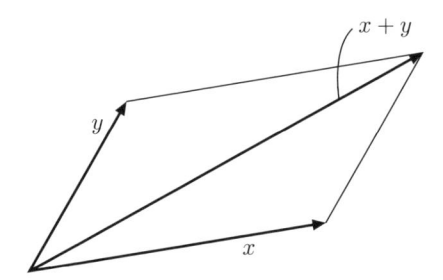

定義 6.1.2. $x = (x_1, x_2, \ldots, x_n), y = (y_1, y_2, \ldots, y_n) \in \mathrm{R}^n$ に対して，

$$\begin{aligned}(x, y) &= \sum_{i=1}^{n} x_i y_i \\ &= x_1 y_1 + x_2 y_2 + \cdots + x_n y_n\end{aligned} \tag{6.3}$$

とおき，x と y の**内積**という．

問 6.1.1. $x = (1, 2, 3), y = (-2, 3, 1) \in \mathrm{R}^3$ とする．x と y の内積 (x, y) の値を求めよ．

命題 6.1.1. $x = (x_1, x_2, \ldots, x_n), y = (y_1, y_2, \ldots, y_n), z = (z_1, z_2, \ldots, z_n) \in \mathrm{R}^n$, $\lambda \in \mathrm{R}$ とする．このとき，

(1) $(x, x) \geq 0$ であり，さらに $(x, x) = 0 \iff x = 0$

(2) $(x+y, z) = (x, z) + (y, z)$

(3) $(\lambda x, y) = \lambda(x, y)$

(4) $(x, y) = (y, x)$

証明. (1) の証明
$$(x, x) = \sum_{i=1}^{n} x_i x_i = \sum_{i=1}^{n} x_i^2 \geq 0$$

$$(x, x) = \sum_{i=1}^{n} x_i^2 = 0 \iff x_i^2 = 0 \, (i = 1, 2, \ldots, n)$$
$$\iff x_i = 0 \, (i = 1, 2, \ldots, n) \iff x = 0$$

(2) の証明

$$(x+y, z) = \sum_{i=1}^{n}(x_i + y_i)z_i$$
$$= \sum_{i=1}^{n}(x_i z_i + y_i z_i)$$
$$= \sum_{i=1}^{n} x_i z_i + \sum_{i=1}^{n} y_i z_i$$
$$= (x, z) + (y, z)$$

(3) の証明
$$(\lambda x, y) = \sum_{i=1}^{n} \lambda x_i y_i = \lambda \sum_{i=1}^{n} x_i y_i = \lambda(x, y)$$

(4) の証明
$$(x, y) = \sum_{i=1}^{n} x_i y_i = \sum_{i=1}^{n} y_i x_i = (y, x)$$

□

系 6.1.1. $x = (x_1, x_2, \ldots, x_n), y = (y_1, y_2, \ldots, y_n), z = (z_1, z_2, \ldots, z_n) \in \mathbb{R}^n$, $\lambda \in \mathbb{R}$ とする. このとき,

(2)′ $(x, y + z) = (x, y) + (x, z)$

(3)′ $(x, \lambda y) = \lambda(x, y)$

証明. (2)′ の証明

$$(x, y+z) = (y+z, x) = (y, x) + (z, x) = (x, y) + (x, z)$$

(3)′ の証明

$$(x, \lambda y) = (\lambda y, x) = \lambda(y, x) = \lambda(x, y)$$

□

定義 6.1.3. $x \in \mathbf{R}^n$ に対して

$$||x|| = \sqrt{(x, x)} = \sqrt{\sum_{i=1}^{n} x_i^2}$$

とおき，x の**ノルム**という．

(注) x のノルム $||x||$ は直感的には，原点 $\mathrm{O} = (0, 0, \ldots, 0)$ を始点とし点 $x = (x_1, x_2, \ldots, x_n)$ を終点とするベクトルの "長さ"，あるいは原点 O と点 x との "距離" を意味する．

定理 6.1.1. (Schwarz の**不等式**) 任意の $x, y \in \mathbf{R}^k$ に対して

$$|(x, y)| \leq ||x|| \, ||y|| \tag{6.4}$$

$$\left| \sum_{i=1}^{k} x_i y_i \right| \leq \sum_{i=1}^{k} |x_i| |y_i| \leq \left(\sum_{i=1}^{k} x_i^2 \right)^{\frac{1}{2}} \left(\sum_{i=1}^{k} y_i^2 \right)^{\frac{1}{2}} \tag{6.5}$$

一般の k に対して証明する前に，簡単のため $k = 2$ と $k = 3$ の場合を示してみる．

● $k = 2$ の場合

証明すべき不等式は $(x_1 y_1 + x_2 y_2)^2 \leq (x_1^2 + x_2^2)(y_1^2 + y_2^2)$ である．

証明.

$$\text{右辺} - \text{左辺} = (x_1^2 y_1^2 + x_2^2 y_2^2 + x_1^2 y_2^2 + x_2^2 y_1^2) - (x_1^2 y_1^2 + x_2^2 y_2^2 + 2 x_1 y_1 x_2 y_2)$$
$$= (x_1 y_2 - x_2 y_1)^2 \geq 0$$

6.1. R^k 上の距離

したがって，$(x_1^2 + x_2^2)(y_1^2 + y_2^2) \geq (x_1y_1 + x_2y_2)^2$ が示せた． □

● $k=3$ の場合

証明すべき不等式は $(x_1y_1 + x_2y_2 + x_3y_3)^2 \leq (x_1^2 + x_2^2 + x_3^2)(y_1^2 + y_2^2 + y_3^2)$ である．

証明．

右辺 − 左辺
$= (x_1^2y_1^2 + x_2^2y_2^2 + x_3^2y_3^2 + x_1^2y_2^2 + x_2^2y_1^2 + x_1^2y_3^2 + x_3^2y_1^2 + x_2^2y_3^2 + x_3^2y_2^2)$
$\quad - (x_1^2y_1^2 + x_2^2y_2^2 + x_3^2y_3^2 + 2x_1y_1x_2y_2 + 2x_1y_1x_3y_3 + x_2y_2x_3y_3)$
$= (x_1y_2 - x_2y_1)^2 + (x_1y_3 - x_3y_1)^2 + (x_2y_3 - x_3y_2)^2 \geq 0$

□

したがって，$(x_1^2 + x_2^2 + x_3^2)(y_1^2 + y_2^2 + y_3^2) \geq (x_1y_1 + x_2y_2 + x_3y_3)^2$ が示せた．

一般の k の場合を証明しよう．

証明．

$$\text{右辺} - \text{左辺} = \left(\sum_{i=1}^{k} x_i^2\right)\left(\sum_{i=1}^{k} y_i^2\right) - \left(\sum_{i=1}^{k} x_iy_i\right)^2$$
$$= \left(\sum_{i=1}^{k} x_i^2\right)\left(\sum_{j=1}^{k} y_j^2\right) - \left(\sum_{i=1}^{k} x_iy_i\right)\left(\sum_{j=1}^{k} x_jy_j\right)$$
$$= \sum_{i=1}^{k}\sum_{j=1}^{k} x_i^2y_j^2 - \sum_{i=1}^{n}\sum_{j=1}^{n} x_iy_ix_jy_j$$
$$= \left(\sum_{i=1}^{k} x_i^2y_i^2 + \sum_{1 \leq i \leq k, 1 \leq j \leq k, i \neq j} x_i^2y_j^2\right)$$
$$\quad - \left(\sum_{i=1}^{k} x_iy_ix_iy_i + \sum_{1 \leq i \leq k, 1 \leq j \leq k, i \neq j} x_iy_ix_jy_j\right)$$

$$\begin{aligned}
&= \sum_{1\le i\le k, 1\le j\le k, i\ne j} x_i^2 y_j^2 - \sum_{1\le i\le k, 1\le j\le k, i\ne j} x_i y_i x_j y_j \\
&= \sum_{1\le i<j\le k} (x_i^2 y_j^2 + x_j^2 y_i^2) - 2\sum_{1\le i<j\le k} x_i y_i x_j y_j \\
&= \sum_{1\le i<j\le k} (x_i^2 y_j^2 + x_j^2 y_i^2 - 2 x_i y_i x_j y_j) \\
&= \sum_{1\le i<j\le k} (x_i y_j - x_j y_i)^2 \ge 0
\end{aligned}$$

したがって, $\left(\sum_{i=1}^k x_i^2\right)\left(\sum_{i=1}^k y_i^2\right) \ge \left(\sum_{i=1}^k x_i y_i\right)^2$ が示せた. □

上の証明は, 式を変形して最終的に ( )^2 の和の形にすることが本質的である. もっと巧みに証明する方法がある.

証明. (Schwarz の不等式の別証) 任意の実数 t に対して $\lambda = t(x,y)$ とおくと

$$\begin{aligned}
0 &\le (\lambda x + y, \lambda x + y) \\
&= \lambda\lambda(x,x) + \lambda(x,y) + \lambda(y,x) + (y,y) \\
&= ||x||^2 (x,y)^2 t^2 + 2(x,y)^2 t + ||y||^2
\end{aligned}$$

したがって,

$$||x||^2 (x,y)^2 t^2 + 2(x,y)^2 t + ||y||^2 \ge 0 \quad (-\infty < t < \infty)$$

となる. ゆえに, 左辺を t の 2 次関数 (2 次方程式) と見なすことにより

$$判別式 /4 \ = |(x,y)|^4 - ||x||^2 |(x,y)|^2 ||y||^2 \le 0$$

これより, $|(x,y)|^2 \le ||x||^2 ||y||^2$ となり, $|(x,y)| \le ||x|| \, ||y||$ を得る. □

(注) $k=2,3$ のときは, 三角形に関する余弦定理を使うことにより $(x,y) = ||x|| \, ||y|| \cos\theta$ となることが示せる. ただし, θ はベクトル x と y とがなす角である. すると

$$|(x,y)| = |\,||x|| \, ||y|| \cos\theta\,| \le ||x|| \, ||y||\,|\cos\theta| \le ||x|| \, ||y||$$

となる．一般の Schwarz の不等式はこれを拡張したものである．

命題 6.1.2. $x, y \in \mathbf{R}^k, \lambda \in \mathbf{R}$ とする．

- **(1)** $||x|| \geq 0$ であり，さらに $||x|| = 0 \iff x = 0$
- **(2)** $||\lambda x|| = |\lambda| ||x||$
- **(3)** $||x + y|| \leq ||x|| + ||y||$ ・・・（3 角不等式）

証明． (3) の証明　Schwarz の不等式を使う．

$$||x+y||^2 = (x+y, x+y) = (x,x) + (x,y) + (y,x) + (y,y)$$
$$= ||x||^2 + 2(x,y) + ||y||^2 \leq ||x||^2 + 2|(x,y)| + ||y||^2$$
$$\leq ||x||^2 + 2||x||\,||y|| + ||y||^2 = (||x|| + ||y||)^2$$

したがって，$||x+y|| \leq ||x|| + ||y||$ となる． □

定義 6.1.4. $x = (x_1, x_2, \ldots, x_k), y = (y_1, y_2, \ldots, y_k) \in \mathbf{R}^k$ に対して，

$$d(x,y) = ||x - y|| = \sqrt{\sum_{i=1}^{k}(x_i - y_i)^2}$$

とおく．

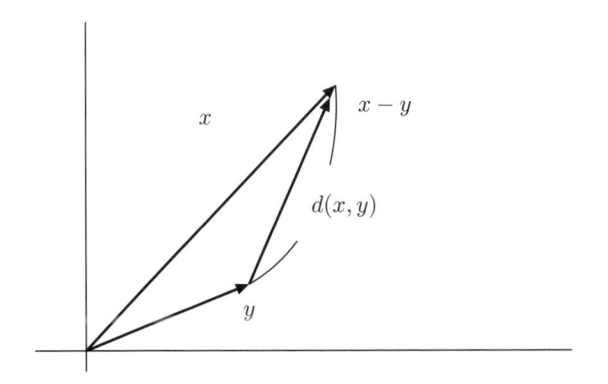

（注1） $k = 1$ のときは，$x, y \in \mathbf{R}$ に対して $d(x,y) = \sqrt{(x-y)^2} = |x - y|$ である．数直線上の 2 点 x, y 間の「距離」を表わしている．

(**注 2**) $k=2$ のとき，$x=(x_1,x_2), y=(y_1,y_2) \in \mathrm{R}^2$ に対して $d(x,y)=\sqrt{(x_1-y_1)^2+(x_2-y_2)^2}$ となり，平面上の 2 点 x,y 間の「距離」を表わしている．

命題 6.1.3. $x,y,z \in \mathrm{R}^k$ とする．

(1) $d(x,y) \geq 0$
    さらに $d(x,y)=0 \iff x=y$
(2) $d(x,y)=d(y,x)$
(3) $d(x,z) \leq d(x,y)+d(y,z)$ 三角不等式

証明． (1) の証明．$d(x,y)=||x-y|| \geq 0$ である．

$$d(x,y)=||x-y||=0 \iff x-y=0 \iff x=y$$

(2) $d(x,y)=||x-y||=||-(y-x)||=||y-x||=d(y,x)$
(3) の証明．

$$\begin{aligned} d(x,y) &= ||x-y|| = ||(x-z)+(z-y)|| \\ &\leq ||x-z||+||z-y|| \\ &= d(x,z)+d(z,y) \end{aligned}$$

□

6.2　距離空間

定義 6.2.1. 集合 X の任意の 2 つの元 $x,y \in X$ に対して実数 $d(x,y)$ が定義されていて次の条件を満たすとき，d を**距離関数**と言い，X と d とのペア (X,d) を**距離空間**という．

　$x,y,z \in X$ とするとき
(1) $d(x,y) \geq 0$
    さらに $d(x,y)=0 \iff x=y$
(2) $d(x,y)=d(y,x)$
(3) $d(x,z) \leq d(x,y)+d(y,z)$ （三角不等式という）

(注) 距離空間の元 x を，幾何のイメージから点 x と呼ぶ．$d(x,y)$ を点 x と y との距離という．

例 6.2.1. $x = (x_1, x_2, \ldots, x_k), y = (y_1, y_2, \ldots, y_k) \in \mathrm{R}^k$ に対して，

$$d(x,y) = ||x-y|| = \sqrt{\sum_{i=1}^{k}(x_i - y_i)^2}$$

とおいたとき，命題 6.1.3 により，(R^k, d) は距離空間となる．距離空間 (R^k, d) を k **次元のユークリッド空間**という．また，この距離 d を**ユークリッド距離**という．

集合 R^k にユークリッド距離以外の距離も入れられることを例としてあげよう．

例 6.2.2. $x = (x_1, x_2, \ldots, x_k), y = (y_1, y_2, \ldots, y_k) \in \mathrm{R}^k$ に対して，

$$d_1(x,y) = \sum_{i=1}^{k} |x_i - y_i|$$

$$d_\infty(x,y) = \max\{|x_i - y_i| \,|\, (i = 1, 2, \ldots, k)\}$$

とおくと，(R^k, d_1) および (R^k, d_∞) は距離空間となる．

次に，適当な性質を満たす関数（写像）の集合そのものを研究の対象にした函数解析学で重要な役割を果たす例をあげる．

例 6.2.3. 有界閉区間 $[0,1]$ から R への連続関数全体を $C([0,1])$ とする．$f \in C([0,1])$ に対して $||f|| = \max\{|f(x)| \,|\, x \in [0,1]\}$ とおく．

すなわち，$|f|$ の最大値を $||f||$ とおく．

このとき，$f, g \in C([0,1])$ に対して $d(f,g) = ||f - g||$ とおくと d は距離となり $(C([0,1]), d)$ は距離空間になる．

3角不等式より次の不等式を得る．

命題 6.2.1. 距離空間 (X, d) とし，$x, y, z \in X$ とする．このとき $|d(x,z) - d(y,z)| \leq d(x,y)$ である．

証明. $d(x,z) \leq d(x,y)+d(y,z)$ だから $d(x,z)-d(y,z) \leq d(x,y)$ である．同様にして $d(y,z)-d(x,z) \leq d(y,x) = d(x,y)$ を得る．したがって $-d(x,y) \leq d(x,z)-d(y,z) \leq d(x,y)$ である．絶対値の形で表わすと $|d(x,z)-d(y,z)| \leq d(x,y)$ となる． □

定義 6.2.2. 距離空間 (X,d) 上の点列 $\{x_n\}_{n=1}^{\infty}$, $x_n \in X$ と点 $x \in X$ とする．$\lim_{n \to \infty} d(x_n, x) = 0$ のとき，すなわち任意の $\epsilon > 0$ に対して，自然数 N が存在して
$$n \geq N \Longrightarrow d(x_n, x) < \epsilon$$
となるとき，点列 $\{x_n\}_{n=1}^{\infty}$ は点 x に**収束する**といい $\lim_{n \to \infty} x_n = x$ と書く．

距離空間における点列の収束の一意性が示せる．

命題 6.2.2. 距離空間 (X,d) とする．点列 $\{x_n\}_{n=1}^{\infty}$, $x_n \in X$ とし，$x, y \in X$ とする．このとき $\{x_n\}_{n=1}^{\infty}$ が x に収束し，かつ y に収束するならば $x = y$ である．

証明. 任意の $\epsilon > 0$ に対して $0 \leq d(x,y) < \epsilon$ となることを示す．$\{x_n\}_{n=1}^{\infty}$ が x に収束するから，
$$n \geq N_1 \Longrightarrow d(x_n, x) < \frac{\epsilon}{2}$$
となる正の整数 N_1 が存在する．同様に $\{x_n\}_{n=1}^{\infty}$ が y に収束するから，
$$n \geq N_2 \Longrightarrow d(x_n, y) < \frac{\epsilon}{2}$$
となる正の整数 N_2 が存在する．そこで $N = \max\{N_1, N_2\}$ とおくと
$$d(x_N, x) < \frac{\epsilon}{2}, d(x_N, y) < \frac{\epsilon}{2}$$
である．すると 3 角不等式より $d(x,y) \leq d(x, x_N) + d(x_N, y) < \epsilon$ である．したがって $0 \leq d(x,y) < \epsilon$ を得る．$\epsilon > 0$ は任意だから $d(x,y) = 0$ となり，$x = y$ である． □

命題 6.2.3. $\mathbb{R}^k$ 上の点列 $\{x_n\}_{n=1}^{\infty} \subset \mathbb{R}^k$ と点 $a \in \mathbb{R}^k$ とする. $x_1 = (x_{11}, x_{12}, \ldots, x_{1k}), \ldots, x_n = (x_{n1}, x_{n2}, \ldots, x_{nk}), \ldots$, $a = (a_1, a_2, \ldots, a_k)$ とおく. このとき, (1),(2) は同値である.

(1) $\lim_{n \to \infty} x_n = a$
(2) 点列の各成分が a の各成分に収束する. すなわち

$$\lim_{n \to \infty} x_{n1} = a_1, \lim_{n \to \infty} x_{n2} = a_2, \ldots, \lim_{n \to \infty} x_{nk} = a_k$$

証明. (1) $\Longrightarrow$ (2) の証明. $|x_{n1} - a_1| \leq d(x_n, a)$ だから, 明らかに $|x_{n1} - a_1| \to 0 \, (n \to \infty)$ である.

実際, 任意の $\epsilon > 0$ とする. ある自然数 N が存在して

$$n \geq N \Longrightarrow d(x_n, a) < \epsilon$$

となるから, $n \geq N$ ならば $|x_{n1} - a_1| \leq d(x_n, a) < \epsilon$ となる. ゆえに $|x_{n1} - a_1| \to 0 \, (n \to \infty)$ である.

同様にして, $\lim_{n \to \infty} x_{n2} = a_2, \ldots, \lim_{n \to \infty} x_{nk} = a_k$ が示せる.

(2) $\Longrightarrow$ (1) の証明. 任意の $\epsilon > 0$ とする. $\lim_{n \to \infty} x_{n1} = a_1$ だからある自然数 N_1 が存在して

$$n \geq N_1 \Longrightarrow |x_{n1} - a_1| < \epsilon^2/k$$

となる. 同様にして, ある自然数 N_2 が存在して

$$n \geq N_2 \Longrightarrow |x_{n2} - a_2| < \epsilon^2/k$$

となる. 以下同様にして, 各 $i = 3, 4, \ldots, N$ について自然数 N_i が存在して

$$n \geq N_i \Longrightarrow |x_{ni} - a_i| < \epsilon^2/k$$

となる.

$N = \max\{N_1, N_2, \ldots, N_k\}$ とおくと,

$$n \geq N \Longrightarrow d(x_n, a) = \sqrt{\sum_{i=1}^{k}(x_{ni} - a_i)^2} < \sqrt{\sum_{i=1}^{k} \epsilon^2/k} = \epsilon$$

となる. したがって, $\lim_{n \to \infty} x_n = a$ が示せた. □

定義 6.2.3. 距離空間 (X,d) 上の点列 $\{x_n\}_{n=1}^\infty$, $x_n \in X$ とする．任意の $\epsilon > 0$ に対してある自然数 N が存在して

$$n, m \geq N \Longrightarrow d(x_n, x_m) < \epsilon$$

となるとき，点列 $\{x_n\}_{n=1}^\infty$ を**コーシー列（基本列）**という．

命題 6.2.4. R^k 上の点列 $\{x_n\}_{n=1}^\infty \subset \mathrm{R}^k$ とする．このとき，(1),(2) は同値である．

(1) $\{x_n\}_{n=1}^\infty$ はコーシー列である．
(2) 点列の各成分が実数列としてコーシー列である．

命題 6.2.5. 距離空間 (X,d) において，収束列はコーシー列である．

証明． 点列 $\{x_n\}_{n=1}^\infty$ が点 $x \in X$ に収束するとする．このとき $\{x_n\}_{n=1}^\infty$ がコーシー列であることを示す．任意の $\epsilon > 0$ とする．$\{x_n\}_{n=1}^\infty$ が x に収束するから，自然数 N が存在して

$$n \geq N \Longrightarrow d(x_n, x) < \frac{\epsilon}{2}$$

となる．すると，三角不等式を使うことにより

$$n, m \geq N \Longrightarrow d(x_n, x_m) \leq d(x_n, x) + d(x, x_m) < \frac{\epsilon}{2} + \frac{\epsilon}{2} = \epsilon$$

を得る．したがって，$\{x_n\}_{n=1}^\infty$ はコーシー列である． □

この命題の逆，「コーシー列は収束する」が成立するならば，極限となる点 x を具体的な形では与えることなく議論ができるので都合がよい．このことが成り立つ空間を完備だという．

定義 6.2.4. 距離空間 (X,d) とする．X の点からなる任意のコーシー列が収束するとき，距離空間 (X,d) は**完備**であるという．完備な距離空間を**完備距離空間**という．

（注） すでに 1 次元ユークリッド空間が R が完備であることは示している．

定理 6.2.1. ユークリッド空間 R^k は完備である．

証明. 点列 $\{x_n\}_{n=1}^{\infty}$ をコーシー列とする. 点 $x_n \in \mathrm{R}^k$ を $x_n = (x_{n1}, x_{n2}, \ldots, x_{nk}) \in \mathrm{R}^k$ $(n = 1, 2, \ldots)$ とおく. 命題 6.2.4 により, 第 1 成分の作る実数列 $\{x_{n1}\}_{n=1}^{\infty} \subset \mathrm{R}$ はコーシー列である. したがって, R の完備性よりある $a_1 \in \mathrm{R}$ に収束する. 同様にして各成分がある実数に収束する. すなわち $\lim_{n\to\infty} x_{n1} = a_1, \lim_{n\to\infty} x_{n2} = a_2, \ldots, \lim_{n\to\infty} x_{nk} = a_k$ となる.

$a = (a_1, a_2, \ldots, a_k) \in \mathrm{R}^k$ とおく. すると命題 6.2.3 より $\lim_{n\to\infty} x_n = a$ である. □

定義 6.2.5. 距離空間 (X, d), 点 $a \in X$, 正の実数 $\epsilon > 0$ とする. X の部分集合 $\{x \in X \mid d(x, a) < \epsilon\}$ を点 a の **ε-近傍**といい $U(a; \epsilon)$ と書く.

(注1) $d(a, a) = 0 < \epsilon$ だから $a \in U(a; \epsilon)$ である.

(注2) 1 次元のユークリッド空間 R のときは, $a \in \mathrm{R}$ の ε-近傍 $U(a; \epsilon)$ は開区間 $(a - \epsilon, a + \epsilon) = \{x \in \mathrm{R} \mid a - \epsilon < x < a + \epsilon\}$ である.

また 2 次元のユークリッド空間 R^2 のときは, $a \in \mathrm{R}^2$ の ε-近傍 $U(a; \epsilon)$ は平面上の点 a を中心とする半径 ϵ の円盤である.

(注3) $x = (x_1, x_2, \ldots, x_k) \in \mathrm{R}^k$ とするとき, 各 $i = 1, 2, \ldots, k$ に対して $|x_i - a_i| \leq d(x, a)$ だから, $x \in U(a; \epsilon)$ ならば $|x_i - a_i| < \epsilon$ である.

定義 6.2.6. 距離空間 X の部分集合 $A \subset X$ とする. 点 $x \in X$ とする.

(1) x の任意の ε-近傍 $U(x; \epsilon)$ に対して, $A \cap U(x; \epsilon) \neq \emptyset$ となるとき, 点 x を A の**触点**という.

(2) x の任意の ε-近傍 $U(x; \epsilon)$ に対して, $(A \setminus \{x\}) \cap U(x; \epsilon) \neq \emptyset$ となるとき, 点 x を A の**集積点**という.

(3) x のある ε-近傍 $U(x; \epsilon)$ が存在して $U(x; \epsilon) \subset A$ となるとき, 点 x を A の**内点**という.

(4) x のある ε-近傍 $U(x; \epsilon)$ が存在して $U(x; \epsilon) \cap A = \emptyset$ となるとき, 点 x を A の**外点**という.

(5) x の任意の ε-近傍 $U(x; \epsilon)$ に対して, $A \cap U(x; \epsilon) \neq \emptyset$ かつ $A^C \cap U(x; \epsilon) \neq \emptyset$ となるとき, 点 x を A の**境界点**という.

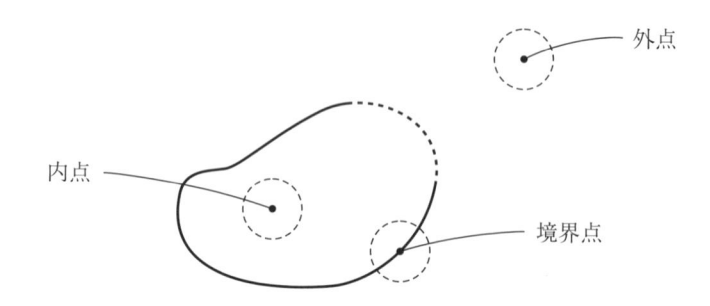

（図中ラベル：内点、外点、境界点）

命題 6.2.6. 距離空間 (X,d) とし，$A \subset X$ とする．
(1) $x \in A$ ならば x は A の触点である．
(2) x が A の集積点ならば x は A の触点である．
(3) $x \notin A$ が A の触点ならば，x は A の集積点である．

証明． (1) の証明．任意の $\epsilon > 0$ とする．$x \in U(x;\epsilon)$ だから $x \in (A \cap U(x;\epsilon))$ となり，$A \cap U(x;\epsilon) \neq \emptyset$ となる．したがって x は A の触点である．
(2) の証明．$\emptyset \neq (A \setminus \{x\}) \cap U(x;\epsilon) \subset A \cap U(x;\epsilon)$ となる．したがって x は A の触点である．
(3) の証明．x が $x \notin A$ だから $A = A \setminus \{x\}$ である．したがって $(A \setminus \{x\}) \cap U(x;\epsilon) = A \cap U(x;\epsilon) \neq \emptyset$ となるから，x は A の集積点である． □

次の例は図を描くと直観的には明らかであるが，一般の場合のことも考慮して厳密に証明する．

例 6.2.4. R^2 の部分集合 A を $A = \{x = (x_1,x_2) \in \mathrm{R}^2 \mid \sqrt{x_1^2 + x_2^2} = d(x,0) < 1\}$ とおく．ただし，$0 = (0,0) \in \mathrm{R}^2$ としている．すなわち A は原点 $0 = (0,0)$ を中心とする半径 1 の円盤を表わす．

$x \in \mathrm{R}^2$ とする．
(1) $d(x,0) \leq 1$ ならば，x は A の触点である．
(2) $d(x,0) < 1$ ならば，x は A の内点である．
(3) $d(x,0) > 1$ ならば，x は A の外点である．
(4) $d(x,0) = 1$ ならば，x は A の境界である．
(5) $d(x,0) \leq 1$ ならば，x は A の集積点である．

証明. (1) の証明. $d(x,0) < 1$ のときは, $x \in A$ だから x は A の触点である. $d(x,0) = 1$ とする. 任意の $\epsilon > 0$ とする. $0 < \delta < \min\{\epsilon, 1\}$ となる δ をとると, 点 $y = ((1-\delta)x_1, (1-\delta)x_2)$ は $y \in (A \cap U(x; \epsilon))$ である. 実際, $d(y, 0) = \sqrt{((1-\delta)x_1)^2 + ((1-\delta)x_2)^2} = 1 - \delta < 1$ より $y \in A$ である.

また $d(x, y) = \sqrt{(x_1 - (1-\delta)x_1)^2 + (x_2 - (1-\delta)x_2)^2} = \delta < \epsilon$ より $y \in U(x; \epsilon)$ である. したがって x は A の触点である. □

集合 $A \subset \mathrm{R}^k$ において, A に属する点は A の集積点である場合もあるし, 集積点でない場合もある. また A に属さない集積点もある.

問 6.2.1. 次のことを示せ.
(1) R の部分集合 $A \subset \mathrm{R}$ を $A = \left\{\dfrac{1}{n} \mid n = 1, 2, \ldots\right\}$ とおく. このとき, A に属する点はすべて集積点ではない. また A の集積点は $0 \in \mathrm{R}$ のみである.
(2) R^2 の部分集合 $A \subset \mathrm{R}^2$ を $A = \displaystyle\bigcup_{n=1}^{\infty} \left(\{\dfrac{1}{n}\} \times \mathrm{R}\right)$ とおく. このとき, A に属する点はすべて集積点ではない. また A の集積点全体からなる集合は $\{0\} \times \mathrm{R}$ である.

触点と集積点と, 点列の極限との関係を述べよう.

命題 6.2.7. 距離空間 (X, d) とし, 集合 $A \subset X$ とする.
(1) $x \in X$ が A の触点である
$\iff$ A の点列で x に収束するものが存在する. すなわち点列 $\{x_n\}_{n=1}^{\infty} \subset A$ で $\displaystyle\lim_{n \to \infty} x_n = x$ となるものが存在する.
(2) $x \in X$ が A の集積点である
$\iff$ 異なる点からなる A の点列で x に収束するものが存在する. すなわち $n \neq m$ ならば $x_n \neq x_m$ となる点列 $\{x_n\}_{n=1}^{\infty} \subset A$ で, $\displaystyle\lim_{n \to \infty} x_n = x$ となるものが存在する.

証明. (1) の証明. ($\Longrightarrow$) 各自然数 n に対して $A \cap U(x; 1/n) \neq \emptyset$ だから, 点 $x_n \in A \cap U(x; 1/n)$ が存在する. 点列 $\{x_n\}_{n=1}^{\infty} \subset A$ は x に収束する. 実際, 任意の $\epsilon > 0$ に対して, 自然数 N が存在して $1/N < \epsilon$ となる. すると

$$n \geq N \Rightarrow d(x_n, x) < 1/n \leq 1/N < \epsilon$$

となるから $\lim_{n\to\infty} x_n = x$ である.

($\Longleftarrow$) 任意の $\epsilon > 0$ とする. $\lim_{n\to\infty} x_n = x$ だから, 自然数 N が存在して

$$n \geq N \Longrightarrow d(x_n, x) < \epsilon$$

となる. したがって, 特に $n = N$ とすると $d(x_N, x) < \epsilon$ であり, また $x_N \in A$ だから x は A の触点である.

(2) の証明. ($\Longrightarrow$) 任意の $\epsilon > 0$ に対して, $U(x;\epsilon) \cap A \backslash \{x\}$ が無限集合になることに最初に注意しよう.

実際, もし $U(x;\epsilon) \cap A \backslash \{x\}$ が有限集合, すなわち $U(x;\epsilon) \cap A \backslash \{x\} = \{y_1, y_2, \ldots, y_n\}$ とすると, $0 < \epsilon' < \min\{|y_1 - x|, |y_2 - x|, \ldots, |y_n - x|\}$ となる ϵ' をとると明らかに $U(x;\epsilon') \cap A \backslash \{x\} = \emptyset$ となり x が A の集積点であることに反する.

x は A の集積点だから, $x_1 \in U(x; 1/1) \cap A \backslash \{x\}$ となる点 $x_1 \in X$ をとる. さらに x が A の集積点であることより $x_2 \in U(x; 1/2) \cap A \backslash \{x\}$ となる x_1 と異なる点 $x_2 \in X$ をとる. 順次このことを繰り返して $x_n \in U(x; 1/n) \cap A \backslash \{x\}$ となる互いに異なる点列 $\{x_n\}_{n=1}^{\infty}$ をとることができる.

すると, 任意の $0 < \epsilon$ に対して $1/N < \epsilon$ となる自然数 N をとると,

$$n \geq N \Longrightarrow d(x_n, x) < 1/n \leq 1/N$$

となり, $\lim_{n\to\infty} x_n = x$ が示せた.

($\Longleftarrow$) 点列 $\{x_n\}_{n=1}^{\infty}$ は, $x_n \neq x_m$ $(n \neq m)$ だから, $x_n \neq x$ $(n = 1, 2, \cdots)$ である. 任意の $0 < \epsilon$ に対して, $n \geq N$ ならば $d(x_n, x) < \epsilon$ となる自然数 N をとると $x_N \neq x$ で $d(x_N, x) < \epsilon$ となる. したがって, $x_N \in U(x;\epsilon) \cap A \backslash \{x\}$ となるから x は A の集積点である. □

ユークリッド空間の場合と同様に, 距離空間における閉包を定義しよう.

定義 6.2.7. 距離空間 (X, d) とし, 集合 $A \subset X$ とする. A の触点全体からなる集合を A の**閉包**といい, $\overline{A}$ または $cl(A)$ と書く.

命題 6.2.8. 集合 $A, B \subset X$ とする.

(1) $A \subset \overline{A}$

(2) $A \subset B \Longrightarrow \overline{A} \subset \overline{B}$
(3) $\overline{A \cup B} = \overline{A} \cup \overline{B}$
(4) $\overline{A \cap B} \subset \overline{A} \cap \overline{B}$
(5) $\overline{\overline{A}} = \overline{A}$

証明. (1) の証明. $x \in A$ ならば x は A の触点であることより明らか.
(2) の証明. $x \in \overline{A}$ とする. 任意の $0 < \epsilon$ に対して x は A の触点だから $U(x; \epsilon) \cap A \neq \emptyset$ である. $A \subset B$ だから $\emptyset \neq U(x; \epsilon) \cap A \subset U(x; \epsilon) \cap B$ となり x は B の触点である. したがって $x \in \overline{B}$ となり, $\overline{A} \subset \overline{B}$ が示せた.
(3) の証明. $A \subset A \cup B$ だから (2) より $\overline{A} \subset \overline{A \cup B}$ である. 同様に $\overline{B} \subset \overline{A \cup B}$ である. したがって $\overline{A} \cup \overline{B} \subset \overline{A \cup B}$ となる.

次に $\overline{A \cup B} \subset \overline{A} \cup \overline{B}$ を示そう. そのために, 「$x \in \overline{A \cup B} \Longrightarrow x \in \overline{A} \cup \overline{B}$」の対偶「$x \notin \overline{A} \cup \overline{B} \Longrightarrow x \notin \overline{A \cup B}$」を示す. $x \notin \overline{A} \cup \overline{B}$ とする. すなわち, x は A の触点でもなくかつ B の触点でもないとする. X が A の触点でないから $U(x; \epsilon_1) \cap A = \emptyset$ となる $0 < \epsilon_1$ が存在する. 同様に $U(x; \epsilon_2) \cap B = \emptyset$ となる $0 < \epsilon_2$ が存在する. ここで $\epsilon = \min\{\epsilon_1, \epsilon_2\}$ とおくと $U(x; \epsilon) \subset U(x; \epsilon_1)$ かつ $U(x; \epsilon) \subset U(x; \epsilon_2)$ だから $U(x; \epsilon) \cap (A \cup B) = (U(x; \epsilon) \cap A) \cup (U(x; \epsilon) \cap B) = \emptyset$ となる. したがって x は $A \cup B$ の触点ではない. $x \notin \overline{A \cup B}$ である.
(4) の証明. $A \cap B \subset A$ だから (2) より $\overline{A \cap B} \subset \overline{A}$ である. 同様に $\overline{A \cap B} \subset \overline{B}$ である. したがって $\overline{A \cap B} \subset \overline{A} \cap \overline{B}$ を得る.
(5) の証明. (1) より $A \subset \overline{A}$ である. すると (2) より $\overline{A} \subset \overline{\overline{A}}$ となる. 次に $\overline{\overline{A}} \subset \overline{A}$ を示そう. そのために, 「$x \in \overline{\overline{A}} \Longrightarrow x \in \overline{A}$」を示す.

任意の $\epsilon > 0$ をとる. $x \in \overline{\overline{A}}$ だから, $y \in U(x; \epsilon)$ となる $y \in \overline{A}$ が存在する. $0 < \epsilon' < \epsilon - d(x, y)$ となる ϵ' をとると $U(y; \epsilon') \subset U(x; \epsilon)$ となる.

実際, $z \in U(y; \epsilon')$ とすると, 3角不等式より

$$d(x, z) \leq d(x, y) + d(y, z) < d(x, y) + \epsilon' < d(x, y) + \epsilon - d(x, y) = \epsilon$$

となるから $d(x, z) < \epsilon$ となる. したがって, $z \in U(x; \epsilon)$ を得るから $U(y; \epsilon') \subset U(x; \epsilon)$ である.

ところで, y は $y \in \overline{A}$, すなわち A の触点だから $U(y; \epsilon') \cap A \neq \emptyset$ とな

り，$\emptyset \neq U(y;\epsilon') \cap A \subset U(x;\epsilon) \cap A$ を得る．したがって，x は A の触点，$x \in \overline{A}$ となる． □

(注) 一般には $\overline{A \cap B} = \overline{A} \cap \overline{B}$ とはならない．第 5 章 5.2 節例 5.2 に反例をあげている．

問 6.2.2. (X,d) を距離空間とする．$A_1, A_2, \ldots, A_n \subset X$ とする．次のことを証明せよ．
(1) $\overline{A_1 \cup A_2 \cup \cdots \cup A_n} = \overline{A_1} \cup \overline{A_2} \cup \cdots \cup \overline{A_n}$ である．
(2) $\overline{A_1 \cap A_2 \cap \cdots \cap A_n} \subset \overline{A_1} \cap \overline{A_2} \cap \cdots \cap \overline{A_n}$ である．

　有限個の集合の和集合の閉包は，各集合の閉包の和集合と等しくなることが，上の問により示せた．ただし，無限個の集合の和集合は必ずしも等しくならない．このことは間違い易いので注意が必要である．

問 6.2.3. (X,d) を距離空間とする．$A_n \subset X$ $(n=1,2,\cdots)$ とする．
(1) $\cup_{n=1}^{\infty} \overline{A_n} \subset \overline{\cup_{n=1}^{\infty} A_n}$ である．
(2) $\cup_{n=1}^{\infty} \overline{A_n} = \overline{\cup_{n=1}^{\infty} A_n}$ とならない例をあげよ．

(解) (1) $A_k \subset \cup_{n=1}^{\infty} A_n$ だから命題 6.2.8 の (2) より $\overline{A_k} \subset \overline{\cup_{n=1}^{\infty} A_n}$ となる．したがって，$\cup_{k=1}^{\infty} \overline{A_k} \subset \overline{\cup_{n=1}^{\infty} A_n}$ となる．
(2) 問 5.2.3 で例をあげた．

問 6.2.4. (X,d) を距離空間とする．$A_i \subset X$ $(i \in I)$ とする．ただし I は任意の添字集合とする．このとき，$\overline{\cap_{i \in I} A_i} \subset \cap_{i \in I} \overline{A_i}$ であることを示せ．

(解) $\cap_{i \in I} A_i \subset A_j$ $(j \in I)$ だから，命題 6.2.8 の (2) より $\overline{\cap_{i \in I} A_i} \subset \overline{A_j}$ $(j \in I)$ となる．したがって $\overline{\cap_{i \in I} A_i} \subset \cap_{j \in I} \overline{A_j}$ を得る．

定義 6.2.8. (X,d) を距離空間とする．X の部分集合 $F \subset X$ が $\overline{F} = F$ となるとき，F を**閉集合**という．

問 6.2.5. (X,d) を距離空間とする．任意の集合 $A \subset X$ とする．このとき $\overline{A}$ は A を含む最小の閉集合であることを示せ．すなわち，次の (1),(2) を示せ．
(1) $\overline{A}$ は A を含む閉集合であること．
(2) $B \subset X$ が $A \subset B$ なる閉集合ならば $\overline{A} \subset B$ となること．

(**解**) (1) 命題 6.2.8 の (5) より $\overline{A}$ は閉集合である．また命題 6.2.8 の (1) より $A \subset \overline{A}$ となり A を含む．命題 6.2.8 の (2) より，$A \subset B$ ならば $\overline{A} \subset \overline{B} = B$ となる．

閉集合全体のもつ性質を述べよう．

命題 6.2.9. (X, d) を距離空間とする．
(1) X, $\emptyset$ は閉集合である．
(2) $F_1, F_2, \ldots, F_n \subset X$ が閉集合ならば $\cup_{i=1}^n F_i$ は閉集合である．すなわち，閉集合の有限個の和集合は閉集合である．
(3) $\{F_i\}_{i \in I}$, $F_i \subset X$ を I を添字集合とする閉集合の族とする．このとき，その共通部分 $\cap_{i \in I} F_i$ は閉集合である．すなわち，閉集合の任意個の共通部分は閉集合である．

証明． (2) の証明．問の (1) と F_i が閉集合であることより $\overline{\cup_{i=1}^n F_i} = \cup_{i=1}^n \overline{F_i} = \cup_{i=1}^n F_i$ だから，$\cup_{i=1}^n F_i$ は閉集合である．
(3) の証明．問と F_i が閉集合であることより $\overline{\cap_{i \in I} F_i} \subset \cap_{i \in I} \overline{F_i} = \cap_{i \in I} F_i$ となる．逆に，命題 6.2.8 の (1) より $\cap_{i \in I} F_i \subset \overline{\cap_{i \in I} F_i}$ である．したがって，$\overline{\cap_{i \in I} F_i} = \cap_{i \in I} F_i$ となるから $\cap_{i \in I} F_i$ は閉集合である． □

問 6.2.6. (X, d) を距離空間とする．次の各集合 $A \subset X$ が閉集合であることを示せ．
(1) 一つの要素 $a \in X$ からなる集合 $A = \{a\}$
(2) $a \in X$ とする．$A = \{x \in X \mid d(a, x) \leq 1\}$
(3) $a \in X$ とする．$A = \{x \in X \mid 1 \leq d(a, x) \leq 2\}$

問 6.2.7. 閉集合の加算個の和集合は必ずしも閉集合にならない例をあげよ．

定義 6.2.9. (X, d) を距離空間とする．部分集合 $A \subset X$ とする．A の内点全体からなる集合を A の**内部**といい，A° または $i(A)$ と書く．

命題 6.2.10. (X, d) を距離空間とする．集合 $A, B \subset X$ とする．
(1) $A^\circ \subset A$
(2) $A \subset B \Longrightarrow A^\circ \subset B^\circ$
(3) $(A \cap B)^\circ = A^\circ \cap B^\circ$

(4) $A^\circ \cup B^\circ \subset (A \cup B)^\circ$

(5) $(A^\circ)^\circ = A^\circ$

証明. (1) の証明. $x \in A^\circ$ とする. 内点の定義よりある $\epsilon > 0$ が存在して, $U(x; \epsilon) \subset A$ となる. $x \in U(x; \epsilon)$ だから $x \in A$ となる. ゆえに $A^\circ \subset A$ である.

(2) の証明. $x \in A^\circ$ とする. ある $\epsilon > 0$ が存在して, $U(x; \epsilon) \subset A \subset B$ となる. これは $x \in B^\circ$ を意味する. ゆえに $A^\circ \subset B^\circ$ である.

(3) の証明. $A \cap B \subset A$ だから, (2) より $(A \cap B)^\circ \subset A^\circ$ となる. 同様にして $A \cap B \subset B$ より $(A \cap B)^\circ \subset B^\circ$ となる. したがって, $(A \cap B)^\circ \subset A^\circ \cap B^\circ$ を得る.

次に逆向きの包含関係を示そう. 任意の $x \in A^\circ \cap B^\circ$ とする. $x \in A^\circ$ より, ある $\epsilon_1 > 0$ が存在して $U(x; \epsilon_1) \subset A$ となる. 同様にして $x \in B^\circ$ より, ある $\epsilon_2 > 0$ が存在して $U(x; \epsilon_2) \subset B$ となる. そこで $\epsilon = \min\{\epsilon_1, \epsilon_2\}$ とおくと $U(x; \epsilon) \subset U(x; \epsilon_1) \subset A$ でかつ $U(x; \epsilon) \subset U(x; \epsilon_2) \subset B$ となるから $U(x; \epsilon) \subset A \cap B$ となり, $x \in (A \cap B)^\circ$ を得る. したがって $A^\circ \cap B^\circ \subset (A \cap B)^\circ$ となる. 両方の包含関係をあわせて $(A \cap B)^\circ = A^\circ \cap B^\circ$ である.

(4) の証明. $A \subset A \cup B$ だから, (2) より $A^\circ \subset (A \cup B)^\circ$ となる. 同様にして $B^\circ \subset (A \cup B)^\circ$ である. ゆえに $A^\circ \cup B^\circ \subset (A \cup B)^\circ$ である.

(5) の証明. (1) より $A^\circ \subset A$ であり, (2) より $(A^\circ)^\circ \subset A^\circ$ となる.

次に逆向きの包含関係を示そう. 任意の $x \in A^\circ$ をとる. ある $\epsilon > 0$ が存在して, $U(x; \epsilon) \subset A$ となる. この $U(x; \epsilon)$ が $U(x; \epsilon) \subset A^\circ$ となる. 実際, 任意の $y \in U(x; \epsilon)$ とするとき, $y \in A^\circ$ となることを示す. $d(x, y) < \epsilon$ だから $0 < \epsilon' < \epsilon - d(x, y)$ となる $\epsilon' > 0$ が存在する. y の ϵ'-近傍 $U(y; \epsilon')$ を考えると, 任意の $z \in U(y; \epsilon')$ は

$$d(x, z) \leq d(x, y) + d(y, z) < d(x, y) + \epsilon' < \epsilon$$

であるから $z \in U(x; \epsilon)$ である. すなわち $y \in A^\circ$ である. したがって $A^\circ \subset (A^\circ)^\circ$ が示せた. □

定義 6.2.10. (X, d) を距離空間とする. X の部分集合 $O \subset X$ が $O^\circ = O$

となるとき，O を **開集合** という．

問 6.2.8. (X, d) を距離空間とする．任意の集合 $A \subset X$ とする．このとき A° は A に含まれる最大の開集合であることを示せ．すなわち，次の (1),(2) を示せ．
(1) A° は A に含まれる開集合であること．
(2) $B \subset X$ が $B \subset A$ なる開集合ならば $B \subset A^\circ$ となること．

証明． (1) 命題 6.2.10 の (5) より $(A^\circ)^\circ = A^\circ$ だから A° は開集合である．また，命題 6.2.10 の (1) より $A^\circ \subset A$ だから，A° は A に含まれる開集合である．
(2) 命題 6.2.10 の (2) と B が開集合であることより $B = B^\circ \subset A^\circ$ となる． □

命題 6.2.11. (X, d) を距離空間とする．集合 $O \subset X$ とする．このとき，(1),(2) は同値である．
(1) O が開集合
(2) 任意の点 $x \in O$ に対して，$U(x; \epsilon) \subset O$ となる $0 < \epsilon$ が存在する．

命題 6.2.12. (X, d) は距離空間，$a \in X$ とし，$\epsilon > 0$ とする．$A = U(a; \epsilon)$ とおく．このとき，$A^\circ = A$ となり，$U(a; \epsilon)$ は開集合である．

証明． $A^\circ \subset A$ だから，逆向きを示せば良い．
$x \in A$ とする．$d(a, x) < \epsilon$ だから $0 < \varepsilon - d(a, x)$ である．$0 < \varepsilon' < \varepsilon - d(a, x)$ となる ε' をとる．$U(x; \varepsilon') \subset A$ である．実際

$$y \in U(x; \varepsilon') \Longrightarrow d(x, y) < \varepsilon'$$
$$\Longrightarrow d(a, y) \leq d(a, x) + d(x, y) < d(a, x) + \varepsilon' < \epsilon$$
$$\Longrightarrow y \in A$$

したがって，$U(x; \varepsilon') \subset A$ である．
ゆえに，x は A の内点である．$x \in A^\circ$ □

開集合全体のもつ性質を述べる．

命題 6.2.13. (X, d) を距離空間とする.
(1) X, $\emptyset$ は開集合である.
(2) $\{O_i\}_{i \in I}$, $O_i \subset X$ を I を添字集合とする開集合の族とする. このとき, その和集合 $\cup_{i \in I} O_i$ は開集合である. すなわち, 開集合の任意個の和集合は開集合である.
(3) $O_1, O_2, \cdots, O_n \subset X$ が開集合ならば $\cap_{i=1}^n O_i$ は開集合である. すなわち, 開集合の有限個の共通部分は開集合である.

証明. (2) の証明. 任意の $j \in I$ とする. $O_j \subset \cup_{i \in I} O_i$ だから, 命題 6.2.10 の (2) と O_j が開集合であることより $O_j = O_j^\circ \subset (\cup_{i \in I} O_i)^\circ$ である. ゆえに $\cup_{j \in I} O_j \subset (\cup_{i \in I} O_i)^\circ$ である.

逆向きの包含関係は, 命題 6.2.10 の (1) よりでるから, $(\cup_{i \in I} O_i)^\circ = \cup_{j \in I} O_j$ となり開集合であることが示せた.

(3) の証明. $(\cap_{i=1}^n O_i)^\circ \subset \cap_{i=1}^n O_i$ であることは命題 6.2.10 の (1) よりでる.

逆向きの包含関係を示す. 任意の $x \in \cap_{i=1}^n O_i$ とする. 各 $i \in \{1, 2, \ldots, n\}$ に対して $x \in O_i$ で, O_i が開集合であることから, ある $\epsilon_i > 0$ が存在して $U(x; \epsilon_i) \subset O_i$ となる. そこで $\epsilon = \min\{\epsilon_1, \epsilon_2, \ldots, \epsilon_n\}$ とおくと, $U(x; \epsilon) \subset U(x; \epsilon_i) \subset O_i$ $(i = 1, 2, \ldots, n)$ となる.

したがって $U(x; \epsilon) \subset \cap_{i=1}^n O_i$ となるから $x \in (\cap_{i=1}^n O_i)^\circ$ である.

ゆえに $\cap_{i=1}^n O_i \subset (\cap_{i=1}^n O_i)^\circ$ が示せた. $(\cap_{i=1}^n O_i)^\circ = \cap_{i=1}^n O_i$ となるから $\cap_{i=1}^n O_i$ は開集合である. $\square$

開集合と閉集合との間には次の関係がある.

命題 6.2.14. (X, d) を距離空間とする. 集合 $A \subset X$ とする. このとき,
A が閉集合 $\iff A^C$ が開集合

証明. ($\Longrightarrow$) の証明. 任意の $x \in A^C$ とする. A が閉集合だから x は A の触点ではない. したがって, ある $\epsilon > 0$ が存在して $U(x, \epsilon) \cap A = \emptyset$ となる. すなわち $U(x; \epsilon) \subset A^C$ となる. ゆえに, x は A^C の内点となるから A^C は開集合である.

($\Longleftarrow$) の証明. $x \notin A$ とする. $x \in A^C$ で A^C が開集合だから, ある $\epsilon > 0$

が存在して $U(x;\epsilon) \subset A^C$ となる．すなわち $U(x;\epsilon) \cap A = \emptyset$ となる．したがって x は A の触点ではない．ゆえに，A は閉集合である． □

定義 6.2.11. (X,d) を距離空間とする．集合 $A \subset X$ とする．A の境界点全体からなる集合を A の**境界**といい，$b(A)$ と書く．

(X,d) を距離空間とし，集合 $A \subset X$ とするとき，X は，次の命題が表わすように互いに共通部分をもたない A の内部，A の境界，A^C の内部の和集合に分割される．

命題 6.2.15. (X,d) を距離空間とする．集合 $A \subset X$ とする．
(1) A の境界 $b(A)$ は $b(A) = \overline{A} \cap \overline{A^C}$ となり閉集合である．
(2) $A^\circ \cap b(A) = b(A) \cap (A^C)^\circ = A^\circ \cap (A^C)^\circ = \emptyset$ で $X = A^\circ \cup b(A) \cup (A^C)^\circ$ である．

証明. (1) の証明．$x \in b(A)$ とすると，境界の定義より明らかに $x \in \overline{A}$ かつ $x \in \overline{A^C}$ となるから，$x \in \overline{A} \cap \overline{A^C}$ となる．逆も同様であり，$b(A) = \overline{A} \cap \overline{A^C}$ となり閉集合であることが示せた．
(2) の証明．$x \in A^\circ$ ならば，ある $\epsilon > 0$ が存在して $U(x;\epsilon) \subset A$ となるから $U(x;\epsilon) \cap A^C = \emptyset$ である．したがって $x \notin b(A)$ となる．ゆえに $A^\circ \cap b(A) = \emptyset$ である．$b(A) \cap (A^C)^\circ = \emptyset$ も同様に示せる．

また $A^\circ \cap (A^C)^\circ \subset A \cap A^C = \emptyset$ より，$A^\circ \cap (A^C)^\circ = \emptyset$ である．

$X = A^\circ \cup b(A) \cup (A^C)^\circ$ を示そう．$x \in X$ とする．$x \notin b(A)$ とするとき $x \in A^\circ$ または $x \in (A^C)^\circ$ となることを示せばよい．$x \in A$ の場合，$x \notin b(A)$ より $x \in A^\circ$ が導かれる．$x \in A$ の場合も，同様にして $x \in (A^C)^\circ$ がでる．したがって $X = A^\circ \cup b(A) \cup (A^C)^\circ$ である． □

A^C の内部 $i(A^C)$ を A の**外部**といい，$e(A)$ と書く．
● $x \in e(A) \iff$ "$U(x;\epsilon) \subset A^C$ となる $\epsilon > 0$ が存在する"
● $e(A) = (\overline{A})^C$
● $\overline{A} = A \cup b(A)$
● $X = i(A) \cup b(A) \cup e(A)$ であり，$i(A), b(A), e(A)$ は互いに素，すなわち $i(A) \cap b(A) = b(A) \cap e(A) = i(A) \cap e(A) = \emptyset$

定義 6.2.12. (X,d) を距離空間とし，$A \subset X$ とする．任意の点 $x,y \in A$ に対して $d_A(x,y) = d(x,y)$ とおくと，d_A は A 上の距離となる．したがって (A, d_A) は距離空間となる．この距離空間を (X,d) の**部分空間**という．

完備距離空間の部分空間が完備であるための条件を与えよう．

命題 6.2.16. (X,d) を完備距離空間とし，$A \subset X$ とする．このとき (1) と (2) は同値である．
(1) $A \subset X$ が距離空間 (X,d) の閉集合である．
(2) 部分空間 (A, d_A) が完備である．

証明． (1) $\implies$ (2) の証明．A の点からなる点列 $\{x_n\}_{n=1}^{\infty}$ とする．$\{x_n\}_{n=1}^{\infty}$ がコーシー列とする．すると (X,d) は完備だから点 $x \in X$ に収束する．$A \subset X$ は閉集合だから $x \in A$ である．これは (A, d_A) が完備であることを意味している．
(2) $\implies$ (1) の証明．点列 $\{x_n\}_{n=1}^{\infty}$ が $x_n \in A$ $(n=1,2,\ldots)$ が点 $x \in X$ に収束したとする．収束列はコーシー列だから，点列 $\{x_n\}_{n=1}^{\infty}$ はコーシー列である．(A, d_A) が完備だから A の点に収束する．したがって，$x \in A$ である．ゆえに，$A \subset X$ は X の閉集合である． $\square$

例 6.2.5. 集合 X，任意の点 $x,y \in X$ に対して $d(x,y)$ を次のように定義する．
$$d(x,y) = \begin{cases} 0 & (x = y \text{ のとき}) \\ 1 & (x \neq y \text{ のとき}) \end{cases}$$
次の問に答えよ．

(1) d が距離の公理を満たすことを示せ．したがって (X,d) は距離空間である．

(2) $a \in X$ とする．$A = U(a; 1)$ とおくとき，A, A の内部 A° および A の閉包 $\overline{A}$ を求めよ．さらに，$\overline{A} \neq \{x \in X : d(a, x) \leq 1\}$ であることを確かめよ．

(解) (1) 距離の公理が成り立つことを確かめる．
(i) $d(x,y) \geq 0$ は d の定義より明らか．$d(x,y) = 0 \iff x = y$ も明らか．

(ii) $d(x,y) = d(y,x)$ であることは定義より明らか.

(iii) $x = z$ のとき, $d(x,z) = 0 \leq d(x,y) + d(y,z)$ となる. $x \neq z$ のとき, $x \neq y$ か, または $y \neq z$ だから $d(x,z) = 1 \leq d(x,y) + d(y,z)$ となる.

(2) $d(a,x) < 1$ となる x は a のみであるから $A = \{a\}$ である. $A^\circ = A$ であることは一般論からもでる.

$A = \{a\}$ 以外の点で A の触点となるものは存在しない. 実際, $x \neq a$ とする. $U(x;1/2) = \{x\}$ だから $U(x;1/2) \cap A = \emptyset$ となり, x は A の触点ではない. したがって, $\overline{A} = A$ である. 一方, $\{x \in X : d(a,x) \leq 1\} = X$ である.

例 6.2.6. 1次元ユークリッド空間 (R, d) の部分集合 $A \subset \mathrm{R}$ に対して以下の各問に答えよ. ただし $d(x,y) = |x - y|$ とする.

(1) 半開区間 $A = \{x \in \mathrm{R} : 0 < x \leq 1\} = (0,1]$ とする. A の内部 A° および A の閉包 $\overline{A}$ を求めよ.

(2) $A = \{1/n : n = 1, 2, \ldots\} = \{1, 1/2, 1/3, \ldots\}$ とする.

  (i) $x = 1$ は A の内点でないことを示せ.

  (ii) A の内部 A° を求めよ.

  (iii) A の閉包 $\overline{A}$ を求めよ.

(解) (1) $0 < x < 1$ は A の内点である. 実際, $0 < x - 0, 0 < 1 - x$ に注意して $0 < \epsilon < \min\{x - 0, 1 - x\}$ となる ϵ をとると, $U(x;\epsilon) = \{y \in \mathrm{R} : |x - y| < \epsilon\} = (x - \epsilon, x + \epsilon)$ であり, $0 < x - \epsilon, x + \epsilon < 1$ だから, $U(x;\epsilon) = (x - \epsilon, x + \epsilon) \subset (0,1) \subset A$ となる. したがって x は A の内点である.

また $x = 1$ は A の内点ではない. 実際, どんな $0 < \epsilon$ をとっても, $U(x;\epsilon) = (1 - \epsilon, 1 + \epsilon)$ となるから, $U(x;\epsilon) \cap A = (1 - \epsilon, 1] \neq \emptyset$ となる. したがって $x = 1$ は A の内点ではない.

このことより, A の要素のうちで A の内点ではないものは $x = 1$ のみであるから A の内部は $A^\circ = (0,1)$ である.

A に属さない点で A の触点となるものを求める. $x = 0$ は A の触点である.

実際, 任意の $\epsilon > 0$ に対して $U(0;\epsilon) = (-\epsilon,\epsilon)$ だから $U(0;\epsilon) \cap A = (0,\epsilon) \neq \emptyset$ となり $x = 0$ は A の触点である.

さらに 0 以外の A に属さない点で, A の触点となるものは存在しない. 実際, $x < 0$ のときは $0 < \epsilon < 0-x$ となる ϵ をとると $U(x;\epsilon) = (x-\epsilon, x+\epsilon)$ となり $U(x;\epsilon) \cap A = \emptyset$ となるから, x は A の触点ではない.

また $1 < x$ のときは $0 < \epsilon < x-1$ となる ϵ をとると $U(x;\epsilon) = (x-\epsilon, x+\epsilon)$ となるから $U(x;\epsilon) \cap A = \emptyset$ となり, x は A の触点ではない. したがって, A の閉包は $\overline{A} = [0,1]$ である.

(2) (i) $x = 1$ が A の内点でないことを示す. 任意の $\epsilon > 0$ に対して $U(1;\epsilon) = (1-\epsilon, 1+\epsilon)$ に注意すると, $1+\dfrac{1}{2}\epsilon \in U(1;\epsilon) = (1-\epsilon, 1+\epsilon)$ であり $1+\dfrac{1}{2}\epsilon \notin A$ だから $U(1;\epsilon) \not\subset A$ となる. したがって $x = 1$ は A の内点でない.

(ii) A の任意の点 $x = 1/n$ が A の内点でないことを示す. 任意の $1 > \epsilon > 0$ に対して, $x = 1/n$ の ϵ-近傍 $U(x;\epsilon) = (1/n - \epsilon, 1/n + \epsilon)$ が A の部分集合でないことを示せばよい.

実際 $U(x;\epsilon)$ には属して, A には属さない点がある. $0 < a < 1/(n-1) - 1/n$, $a < 1$ となる a をとる. $x + a\epsilon \in U(x;\epsilon)$ であり, $x+a\epsilon = 1/n + a\epsilon < 1/n + a < 1/(n-1)$ より $x+a\epsilon \notin A$ となる. したがって $x = 1/n$ は A の内点でない. A のすべての点が A の内点ではないから, A の内部 A° は $A^\circ = \emptyset$ である.

(iii) A に属さない点で A の触点になるものを求める. $x = 0$ は A の触点である.

実際, 任意の $\epsilon > 0$ に対して $U(0;\epsilon) = (-\epsilon,\epsilon)$ に注意すると $n > 1/\epsilon$ となる正の整数 n をとると $1/n < \epsilon$ だから $1/n \in U(0;\epsilon)$ であり, $1/n \in A$ だから $1/n \in A \cap U(0;\epsilon)$ となり $A \cap U(0;\epsilon) \neq \emptyset$ となる. したがって $x = 0$ は A の触点である.

$x \notin A$, $x \neq 0$ ならば x は A の触点でないことも容易に示せるので, A の閉包 $\overline{A}$ は $\overline{A} = A \cup \{0\} = \{0, 1, 1/2, 1/3, \ldots\}$ である.

例 6.2.7. 2次元ユークリッド空間 (R^2, d) の部分集合 $A \subset \mathrm{R}$ に対して, A の内部 A° および A の閉包 $\overline{A}$ を求めよ.

(1) $A = \{x = (x_1, x_2) \mid x_1^2 + x_2^2 \leq 1\}$

(2) $A = \{x = (x_1, x_2) \mid -1 \leq x_1 \leq 1, x_2 = 0\}$

(解) (1) $A^\circ = \{x = (x_1, x_2) \mid x_1^2 + x_2^2 < 1\}$ である．$\overline{A} = A$ である．

(2) $A^\circ = \emptyset$ である．$\overline{A} = A$ である．

(注) $(A \cup B)^\circ = A^\circ \cup B^\circ$ は必ずしも成立しない．次の反例がある．

距離空間 (R, d) において $A = [0, 1]$, $B = [1, 2]$ とする．$A \cup B = [0, 2]$ であり，$(A \cup B)^\circ = (0, 2)$ となる．

一方 $A^\circ = (0, 1)$, $B^\circ = (1, 2)$ であるから $A^\circ \cup B^\circ = (0, 1) \cup (1, 2)$ である．したがって $(A \cup B)^\circ \neq A^\circ \cup B^\circ$ である．

定義 6.2.13. 距離空間 (X, d) とする．$x \in X$ とし，集合 $U \subset X$ とする．$U(x; \epsilon) \subset U$ となる $\epsilon > 0$ が存在するとき，U は x の**近傍**であるという．また，x の近傍全体からなる集合族を $\mathfrak{B}(x)$ と書く．

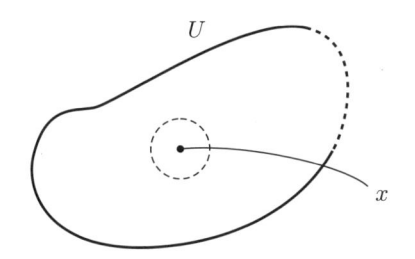

命題 6.2.17. 距離空間 (X, d) とする．各点 x の近傍全体からなる集合族を $\mathfrak{B}(x)$ とし，集合族 $\{\mathfrak{B}(x)\}_{x \in X}$ を考える．このとき，次のことが成り立つ．

(1) $U \in \mathfrak{B}(x)$ ならば $x \in U$ である．

(2) $U, V \in \mathfrak{B}(x)$ ならば $U \cap V \in \mathfrak{B}(x)$ である．

(3) $U \in \mathfrak{B}(x)$ で $U \subset V$ ならば $V \in \mathfrak{B}(x)$ である．

(4) 任意の $U \in \mathfrak{B}(x)$ に対して，ある $W \in \mathfrak{B}(x)$ が存在して，
$y \in W \Longrightarrow U \in \mathfrak{B}(y)$ となる．

証明． (1) の証明．U が x の近傍であるから，$U(x; \epsilon) \subset U$ となる $U(x; \epsilon)$ が存在する．$x \in U(x; \epsilon)$ だから $x \in U$ である．

(2) の証明. U が x の近傍だから $U(x;\epsilon_1) \subset U$ となる $U(x;\epsilon_1)$ が存在する．同様に V が x の近傍だから $U(x;\epsilon_2) \subset V$ となる $U(x;\epsilon_2)$ が存在する．

$\epsilon = \min(\epsilon_1, \epsilon_2)$ とおくと，$U(x;\epsilon) \subset U(x;\epsilon_1) \subset U$，$U(x;\epsilon) \subset U(x;\epsilon_2) \subset V$ となることより，$U(x;\epsilon) \subset U \cap V$ となる．したがって $U \cap V$ は x の近傍である．

(3) は明らか. (4) の証明. U は x の近傍だから $U(x;\epsilon) \subset U$ となる $U(x;\epsilon)$ が存在する．W として $W = U(x;\epsilon)$ とおく．

任意の $y \in W = U(x;\epsilon)$ に対して W は開集合だから $y \in W \subset U$ となり U は y の近傍である． □

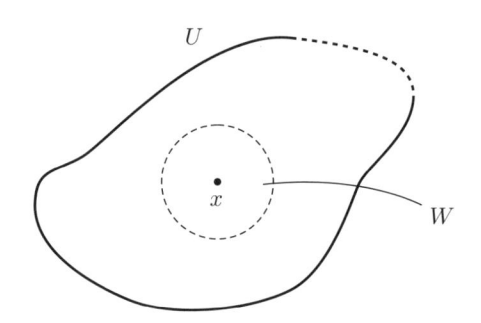

定義 6.2.14. 距離空間 (X, d)，点 x の近傍全体からなる集合族を $\mathfrak{B}(x)$ とする．各点 $x \in X$ に対して集合族 $\mathfrak{O}(x)$ が定まっていて，次の条件 (1),(2) を満たすとき，$\mathfrak{O}(x)$ を**基本近傍系** という．

(1) $U \in \mathfrak{O}(x)$ ならば $U \in \mathfrak{B}(x)$ である．

(2) 任意の $U \in \mathfrak{B}(x)$ に対して，$V \subset U$ となる $V \in \mathfrak{O}(x)$ が存在する．

(注) 距離空間 (X, d) とする．$\mathfrak{O}(x) = \{U(x; 1/n) : (n = 1, 2, \ldots)\}$ は基本近傍系である．

点列の収束についてはすでに定義 6.2.2 で定義しているが，近傍系で特徴づけよう．

命題 6.2.18. 距離空間 (X, d), 点列 $\{x_n\}_{n=1}^{\infty}$ とする．(1),(2) は同値である．
(1) 点列 $\{x_n\}_{n=1}^{\infty}$ は x に収束する．

(2) 任意の近傍 U に対して，正の整数 N が存在して $n \geq N \Longrightarrow x_n \in U$ となる．

証明． (1) $\Longrightarrow$ (2) の証明．x の任意の近傍 U に対して $U(x, 1/n) \subset U$ となる $U(x, 1/n)$ が存在する．ところで 点列 $\{x_n\}_{n=1,2,...}$ は x に収束するから，正の整数 N が存在して $n \geq N \Longrightarrow d(x_n, x) < 1/n$ となる．$d(x_n, x) < 1/n \Rightarrow x_n \in U(x, 1/n)$ だから $n \geq N \Longrightarrow x_n \in U(x, 1/n) \subset U$ である．

(2) $\Longrightarrow$ (1) の証明．任意の $\epsilon > 0$ に対して $1/N < \epsilon$ となる正の整数 N をとり，x の近傍として特に $U = U(x, 1/N)$ をとればよい． □

6.3 距離空間から距離空間への連続写像

距離空間から距離空間への連続写像について議論しよう．

定義 6.3.1. (X, d_X), (Y, d_Y) を距離空間とし，X から Y への写像を $f : X \to Y$ とする．Y の任意の開集合 $O \subset Y$ に対して，O の f による逆像 $f^{-1}(O) \subset X$ が X の開集合となるとき，f を距離空間 X から Y への**連続写像**という．

定義 6.3.2. (X, d_X), (Y, d_Y) を距離空間とし，X から Y への写像を $f : X \to Y$ とする．$a \in X$ とする．

$f(a) \in Y$ の任意の ε-近傍 $U(f(a); \epsilon) = \{y \in Y \mid d_Y(y, f(a)) < \epsilon\}$ に対して，ある $\delta > 0$ が存在して，$f((U(a; \delta)) \subset U(f(a); \epsilon)$ となるとき，すなわち

$$x \in X, d_X(x, a) < \delta \Longrightarrow d_Y(f(x), f(a)) < \epsilon$$

となるとき，写像 f は**点 a で連続**であるという．

わずらわしさを避けるために，距離関数 d_X や d_Y の添え字を省略して両方とも単に d で表すことがある．

以下に述べるいくつかの命題は R から R への連続写像の場合と証明法も含めて同じであるが，ここでもあらためて証明することにする．

命題 6.3.1. (X, d_X), (Y, d_Y) を距離空間とし，X から Y への写像を $f : X \to Y$ とする．(1),(2) は同値である．

(1) f は連続である.
(2) f は X のすべての点で連続である.

証明. (1) $\Longrightarrow$ (2) の証明. 各点 $a \in X$ で連続であることを示す. 任意の $\epsilon > 0$ とする. $U(f(a); \epsilon)$ は開集合だから f による逆像 $f^{-1}(U(f(a); \epsilon))$ は開集合である. また $a \in f^{-1}(U(f(a); \epsilon))$ だから, ある $\delta > 0$ が存在して $U(a; \delta) \subset f^{-1}(U(f(a); \epsilon))$ となる. したがって, $f(U(a; \delta)) \subset U(f(a); \epsilon)$ となる. すなわち, f は a で連続である.

(2) $\Longrightarrow$ (1) の証明. 任意の開集合 $O \subset Y$ とする. f による逆像 $f^{-1}(O)$ が開集合であることを示す. $a \in f^{-1}(O)$ とする. $f(a) \in O$ で O は開集合だから, ある $\epsilon > 0$ が存在して $U(f(a); \epsilon) \subset O$ とできる. f は a で連続だから, ある $\delta > 0$ が存在して $f(U(a; \delta)) \subset U(f(a); \epsilon) \subset O$ となる. したがって, $U(a; \delta) \subset f^{-1}(O)$ となるから a は $f^{-1}(O)$ の内点である. ゆえに, $f^{-1}(O)$ が開集合である. □

命題 6.3.2. (X, d_X), (Y, d_Y) を距離空間とし, X から Y への写像を $f: X \to Y$ とする. (1),(2) は同値である.
(1) f は連続である.
(2) Y の任意の閉集合 $F \subset Y$ の逆像 $f^{-1}(F)$ は閉集合である.

証明. (1) $\Longrightarrow$ (2) の証明. 任意の閉集合 $F \subset Y$ とする. F^C は開集合で f は連続だから $f^{-1}(F^C)$ は開集合である. また $(f^{-1}(F))^C = f^{-1}(F^C)$ だから $f^{-1}(F)$ は閉集合である.

(2) $\Longrightarrow$ (1) の証明. 任意の開集合 $O \subset Y$ とする. O^C は閉集合であり, f は (2) を満たすから $f^{-1}(O^C)$ は閉集合である.

また $(f^{-1}(O))^C = f^{-1}(O^C)$ だから $f^{-1}(O)$ は開集合となり f が連続であることが示せた. □

距離関数が連続であることを述べる.

例 6.3.1. (X, d) を距離空間とし, $a \in X$ とする. 関数 $f: X \to \mathbb{R}$ として $f(x) = d(a, x)$ とおく. f は連続である.

証明. 命題 6.2.1 より $|f(x) - f(y)| = |d(a,x) - d(a,y)| \leq d(x,y)$ だから, 任意の $\epsilon > 0$ に対して $0 < \delta < \epsilon$ となる $\delta > 0$ をとると

$$d(x,y) < \delta \Longrightarrow |f(x) - f(y)| \leq d(x,y) < \delta < \epsilon$$

となるから f は連続である. □

(注) 距離関数が連続関数になることより, 次のことが直ちに示せる.
● (X,d) を距離空間, $a \in X$ とし, $\epsilon > 0$ とする.
集合 $U(a;\epsilon) = \{x \in X \mid d(a,x) < \epsilon\}$ は開集合であり, 集合 $\{x \in X \mid d(a,x) \leq \epsilon\}$ は閉集合である.

証明. $f(x) = d(a,x)$ とおくと, $f : X \to \mathbb{R}$ は連続関数である.
$U(a;\epsilon) = \{x \in X \mid f(x) < \epsilon\}$ だから集合 $U(a;\epsilon)$ は, 開集合 $(-\infty, \epsilon) \subset \mathbb{R}$ の逆像だから開集合である. 同様にして, 集合 $\{x \in X \mid d(a,x) \leq \epsilon\}$ は閉集合 $(-\infty, \epsilon] \subset \mathbb{R}$ の逆像だから閉集合である. □

命題 6.3.3. (X, d_X), (Y, d_Y) を距離空間とし, X から Y への写像を $f : X \to Y$ とする. (1),(2) は同値である.
(1) f は点 $a \in X$ で連続である.
(2) 点列 $\{x_n\}_{n=1}^{\infty}$ が a に収束するならば, $\{f(x_n)\}_{n=1}^{\infty}$ が $f(a)$ に収束する.

証明. (1) $\Longrightarrow$ (2). 任意の $\epsilon > 0$ とする. f は点 a で連続だから, ある $\delta > 0$ が存在して $f(U(a;\delta)) \subset U(f(a);\epsilon)$ となる. また $\lim_{n \to \infty} x_n = a$ だから, ある自然数 N が存在して, $n \geq N$ ならば $x_n \in U(a;\delta)$ となる. したがって, $n \geq N$ ならば $f(x_n) \in U(f(a);\epsilon)$ である. これは $\lim_{n \to \infty} f(x_n) = f(a)$ を意味する.
(2) $\Longrightarrow$ (1). 背理法で示す. f が点 $a \in X$ で連続でないとする. すなわち, ある $\epsilon > 0$ が存在して, どんな $\delta > 0$ に対しても $f(U(a;\delta)) \not\subset U(f(a);\epsilon)$ である. すると, 各自然数 n に対して, $x_n \in U(a;1/n)$ で $f(x_n) \not\in U(f(a);\epsilon)$ となる x_n が存在する. 数列 $\{x_n\}_{n=1}^{\infty}$ は $\{x_n\}_{n=1}^{\infty}$ の作り方より a に収束し, かつ $\{f(x_n)\}_{n=1}^{\infty}$ は $f(a)$ に収束していない. これは (2) に反する. □

問 6.3.1. 距離空間 X, Y とし，連続写像 $f: X \to Y$ とする．集合 $A \subset X$ とするとき．次のことを証明せよ．
(1) $\overline{f^{-1}(A)} \subset f^{-1}(\overline{A})$
(2) $f^{-1}(A)^\circ \supset f^{-1}(A^\circ)$

定義 6.3.3. (X, d_X), (Y, d_Y) を距離空間，集合 $A \subset X$ とし，A から Y への写像 $f: A \to Y$ とする．$a \in A$ とする．$f(a) \in Y$ の任意の ε-近傍 $U(f(a); \epsilon) \subset Y$ に対して，ある $\delta > 0$ が存在して $f(U(a; \delta) \cap A) \subset U(f(a); \epsilon)$ となるとき，すなわち

$$x \in A, d_X(x, a) < \delta \implies d_Y(f(x), f(a)) < \epsilon$$

となるとき，f は点 a で連続であるという．f が A のすべての点で連続であるとき，f は A **上で連続**であるという．

集合 $A \subset X$ から Y への写像が連続であるとは，距離空間 (X, d_X) から A への相対距離をいれた距離空間 (A, d_A) から (Y, d_Y) への写像として連続であることと同値である．

命題 6.3.4. (X, d), (Y, d) を距離空間，集合 $A \subset X$ とし，A から Y への写像 $f: A \to Y$ とする．$a \in A$ とする．
(1) f が点 a で連続
　$\iff$ f が距離空間 (A, d_A) から (Y, d) への写像として a で連続
(2) f が集合 A 上で連続
　$\iff$ f が距離空間 (A, d_A) から (Y, d) への写像として連続写像

命題 6.3.5. $(X, d), (Y, d)$ を距離空間とし，写像 $f: X \to Y$ とする．定数 $K > 0$ が存在して，

$$x, y \in X \implies d(f(x), f(y)) \leq K d(x, y)$$

を満たすならば，f は連続である．

証明． 任意の $a \in X$ とする．任意の $\epsilon > 0$ とする．$0 < \delta < \frac{\epsilon}{K}$ となる δ をとると

$$d(x, a) < \delta \implies d(f(x), f(a)) \leq K d(x, a) < \epsilon$$

となるから，点 a で連続である． □

定義 6.3.4. $(X,d),(Y,d)$ を距離空間とし，写像 $f:X\to Y$ とする．定数 $0\leq r<1$ が存在してすべての $x,y\in X$ に対して $d(f(x),f(y))\leq rd(x,y)$ となるとき，f を**縮小写像**という．

写像 $f:X\to X$ に対して $f(x)=x$ となる点 $x\in X$ を，写像 f の**不動点**という．完備な距離空間では縮小写像は不動点をもつことが言える．

写像 $f:X\to X$ に対して，繰り返し f を施すことにより得られる写像を $f^2(x)=f(f(x))\ x\in X$，$f^3(x)=f(f(f(x)))\ x\in X$，一般に $f^n(x)=\overbrace{f(f(\cdots f(x))\cdots)}^{n}$ とおく．

命題 6.3.6.（不動点定理） (X,d) を完備な距離空間とする．写像 $f:X\to X$ が縮小写像ならば，$f(x)=x$ となる点 $x\in X$ が唯一つ存在する．

証明． 定数 $0\leq r<1$ で $d(f(x),f(y))\leq rd(x,y),\quad(x,y\in X)$ とする．

不動点が存在することを示す．任意の $x\in X$ とすると，点列 $\{f^n(x)\}_{n=1}^{\infty}$ はコーシー列であることをまず示す．$d((f^{m+p}(x),f^m(x))\leq r^m d(f^p(x),x)$ である．実際

$$\begin{aligned}d(f^{m+p}(x),f^m(x))&=d(f(f^{m+p-1}(x)),f(f^{m-1}(x)))\\&\leq rd(f^{m+p-1}(x),f^{m-1}(x))\\&\leq r^2 d(f^{m+p-2}(x),f^{m-2}(x))\\&\leq \cdots\\&\leq r^m d(f^p(x),x)\end{aligned}$$

となる．また，3 角不等式を繰り返し使って

$$d(f^p(x),x) \leq d(f^p(x),f^{p-1}(x)) + d(f^{p-1}(x),f^{p-2}(x)) + \cdots + d(f(x),x)$$
$$\leq r^{p-1}d(f(x),x) + r^{p-2}d(f(x),x) + \cdots + d(f(x),x)$$
$$= (r^{p-1} + r^{p-2} + \cdots + 1)d(f(x),x)$$
$$= \frac{1-r^p}{1-r}d(f(x),x)$$
$$\leq \frac{1}{1-r}d(f(x),x)$$

したがって，$d((f^{m+p}(x),f^m(x)) \leq \frac{r^m}{1-r}d(f(x),x)$ となる．

そこで，任意の $\epsilon > 0$ に対して，正の整数 N を $r^N < \frac{(1-r)}{d(f(x),x)}\epsilon$ となるようにとると，

$$n,m \geq N, m \leq n = m+p \Longrightarrow d(f^m(x),f^n(x)) \leq \frac{r^m}{1-r}d(f(x),x)$$
$$< \frac{r^N}{1-r}d(f(x),x)$$
$$= \epsilon$$

したがって，$\{f^n(x)\}_{n=1}^\infty$ はコーシー列である．

(X,d) は完備だから $\{f^n(x)\}_{n=1}^\infty$ は収束する．その極限を $x_0 = \lim_{n \to \infty} f^n(x) \in X$ とおくと，f は連続だから

$$f(x_0) = \lim_{n \to \infty} f(f^n(x)) = \lim_{n \to \infty} f^{n+1}(x) = x_0$$

を得る．したがって，x_0 は f の不動点である．

不動点の一意性．$x_0, y_0 \in X$ を不動点，すなわち $f(x_0) = x_0, f(y_0) = y_0$ とする．$d(x_0,y_0) = d(f(x_0),f(y_0)) \leq rd(x_0,y_0)$ だから $(r-1)d(x_0,y_0) \geq 0$ となる．したがって $d(x_0,y_0) = 0$ を得るから $x_0 = y_0$ である． □

上の証明の中で示したように，任意の $x \in X$ に対して，f で次々と動かしてできる点列 $\{f^n(x)\}_{n=1}^\infty$ は唯一の不動点に収束する．

練習問題

(1) $x, y \in \mathrm{R}^k$ とするとき，次の等式（中線定理という）を証明し中線定理の言葉の由来を述べよ．

$$||x+y||^2 + ||x-y||^2 = 2\left(||x||^2 + ||y||^2\right)$$

(2) 次のことを示せ．

　(i) R の部分集合 $A \subset \mathrm{R}$ を $A = \left\{\dfrac{1}{n} \mid n = 1, 2, \cdots \right\}$ とおく．このとき，A に属する点はすべて集積点ではない．また A の集積点は $0 \in \mathrm{R}$ のみである．

　(ii) R^2 の部分集合 $A \subset \mathrm{R}^2$ を $A = \displaystyle\bigcup_{n=1}^{\infty} \left(\{\dfrac{1}{n}\} \times \mathrm{R}\right)$ とおく．このとき，A に属する点はすべて集積点ではない．また A の集積点全体からなる集合は $\{0\} \times \mathrm{R}$ である．

(3) (X, d) を距離空間とする．次の各集合 $A \subset X$ が閉集合であることを示せ．

　(i) 一つの要素 $a \in X$ からなる集合 $A = \{a\}$

　(ii) $a \in X$ とする．$A = \{x \in X \mid d(a, x) \leq 1\}$

　(iii) $a \in X$ とする．$A = \{x \in X \mid 1 \leq d(a, x) \leq 2\}$

(4) ユークリッド空間 (R^n, d), $a \in \mathrm{R}^n$ とする．$0 < \epsilon$ に対して $A = U(a; \epsilon)$ とおく．このとき $\overline{A} = \{x \in \mathrm{R}^n : d(a, x) \leq \epsilon\}$ であることを示せ．

(5) 距離空間 X, Y とし，連続写像 $f : X \to Y$ とする．集合 $A \subset X$ とするとき．次のことを証明せよ．

　(i) $\overline{f^{-1}(A)} \subset f^{-1}(\overline{A})$

　(iI) $f^{-1}(A)^\circ \supset f^{-1}(A^\circ)$

(6) 距離空間 (X, d) とし，部分集合 $A \subset X$ とする．関数 $f(x) = \inf\{d(x, z) \mid z \in A\}$ とおくと，$f : X \to \mathrm{R}$ が連続であることを示せ．

第7章

位相空間

収束，極限の概念は数学において非常に重要である．数列 $\{x_n\}_{n=1,2,...}$ が x に収束するとは，高校では「x_n が x にどんどん近付く」というように学んだ．このことを厳密に取り扱うためには，「どんどん」ということの意味を正確にすることと，「近づく」ということ，すなわち「近さ，遠さ」を明確にすることが必要である．位相とは「近さ，遠さ」に関わる概念である．前章までに学んだ ε-近傍とそれにもとづく開集合などの概念を参考にして位相の定義を与える．また，近傍の公理による位相の定義と開集合の公理にもとづく位相の定義が結局は同じことであることを述べる．

7.1 近傍の公理

距離空間において，点 x の ε-近傍 $U(x;\epsilon)$ を考え，それをもとに触点，集積点，閉包，内部，開集合，閉集合などの概念を考えた．一般に ε-近傍を拡張した概念を導入し，それをもとに触点や開集合，閉集合などの概念を導入しよう．

定義 7.1.1. （**近傍の公理**） 集合 X の各点 $x \in X$ に対して，X の部分集合の族 $\mathfrak{B}(x)$ が定まっていて，以下の条件 (i)(ii)(iii)(iv) を満たすとき $\mathfrak{B}(x)$ を点 x の**近傍系**といい，X との組 $(X, \{\mathfrak{B}(x)\}_{x \in X})$ を**位相空間**という．また，集合 $U \in \mathfrak{B}(x)$ を**点 x の近傍**という．

(1) $x \in X$, $U \in \mathfrak{B}(x)$ ならば $x \in U$
(2) $U \in \mathfrak{B}(x)$, $U \subset V \subset X$ ならば $V \in \mathfrak{B}(x)$
(3) $U, V \in \mathfrak{B}(x)$ ならば $U \cap V \in \mathfrak{B}(x)$
(4) 任意の $U \in \mathfrak{B}(x)$ に対して，ある $W \in \mathfrak{B}(x)$ が存在して，$y \in W \Rightarrow U \in \mathfrak{B}(y)$ となる．

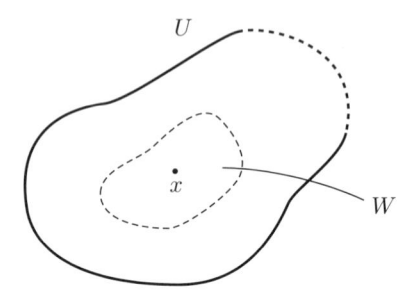

（注） 条件 (4) は，「近くの点の近傍は，もとの点の近傍である」という異なる点の近傍のあいだの関係を述べている．位相が「近さ」という素朴な概念を数学的に定式化するものだと考えれば，この条件 (4) が本質的である．

例 7.1.1. (X, d) を距離空間とする．各点 $x \in X$ に対して，

$$\mathfrak{B}(x) = \{ U \subset X \mid \text{ある } \epsilon > 0 \text{ が存在して} U(x; \epsilon) \subset U \}$$

とおく．すなわち，x の適当な ε-近傍を含むような部分集合全体を $\mathfrak{B}(x)$ とおく．このとき，$(X, \{\mathfrak{B}(x)\}_{x \in X})$ は位相空間となる．このことは前章で示した．

定義 7.1.2. 位相空間 $(X, \{\mathfrak{B}(x)\}_{x \in X})$ とする．各点 $x \in X$ に対して x の近傍からなる集合族 $\mathfrak{U}(x) \subset \mathfrak{B}(x)$ が与えられていて，条件 "任意の近傍 $U \in \mathfrak{B}(x)$ に対してある $V \in \mathfrak{U}(x)$ が存在して $V \subset U$ となる" を満たすとき，$\{\mathfrak{U}(x)\}_{x \in X}$ を位相空間 $(X, \{\mathfrak{B}(x)\}_{x \in X})$ の**基本近傍系**という．

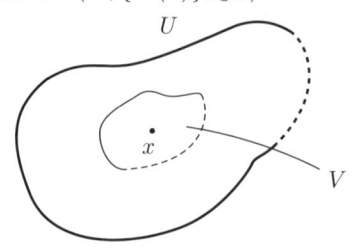

7.1. 近傍の公理

集合族が与えられているとき，その集合族を基本近傍系とするような位相が存在するための，集合族の特徴づけを考えよう．

命題 7.1.1. 集合 X の各点 $x \in X$ に対して，X の部分集合からなる集合族 $\mathfrak{U}(x)$ が与えられている．このとき，(1) と (2) は同値である．

(1) $\{\mathfrak{U}(x)\}_{x \in X}$ は，X を位相空間とするある位相の基本近傍系となる

(2) $\begin{cases} (a)\, U \in \mathfrak{U}(x) \text{ ならば } x \in U \text{ である．} \\ (b)\, U, V \in \mathfrak{U}(x) \text{ ならば } W \subset U \cap V \text{ となる } W \in \mathfrak{U}(x) \text{ が存在する．} \\ (c)\, 任意の U \in \mathfrak{U}(x) \text{ に対して，ある } W \in \mathfrak{U}(x) \text{ が存在して} \\ \quad y \in W \implies V \in \mathfrak{U}(y) \text{ となる } V \subset U \text{ が存在する．} \end{cases}$

証明． (1) $\implies$ (2) の証明．(a) を示す．$U \in \mathfrak{U}(x)$ とすると U は x の近傍だから，$x \in U$ である．(b) を示す．$U, V \in \mathfrak{U}(x)$ とする．U, V は x の近傍だから $U \cap V$ も x の近傍となる．すると基本近傍系の定義よりある $W \in \mathfrak{U}(x)$ が存在して $W \subset U \cap V$ となる．(c) を示す．$U \in \mathfrak{U}(x)$ とする．U は x の近傍だから，ある $W' \in \mathfrak{B}(x)$ が存在して

$$y \in W' \implies U \in \mathfrak{B}(y)$$

となる．基本近傍系の定義より $W \subset W'$ となる $W \in \mathfrak{U}(x)$ が存在する．$y \in W \subset W'$ とすると $U \in \mathfrak{B}(y)$ だから $V \subset U$ となり $V \in \mathfrak{U}(y)$ となる V が存在する．

(2) $\implies$ (1) の証明．近傍の公理を満たす集合族を実際に構成することにより位相空間を作る．X の各点 $x \in X$ に対して，$\mathfrak{U}(x)$ に属する集合を含むような集合全体を $\mathfrak{B}(x)$ とする．すなわち，

$$\mathfrak{B}(x) = \{V \subset X \mid U \subset V \text{ となる } U \in \mathfrak{U}(x) \text{ が存在する}\}$$

とおく．$\mathfrak{U}(x) \subset \mathfrak{B}(x)$ であることに注意する．この $\{\mathfrak{B}(x)\}_{x \in X}$ が近傍の公理（定義 7.1.1）を満たすことを示す．

条件 (1) が成り立つことを示す．$V \in \mathfrak{B}(x)$ とすると，$U \subset V$ となる $U \in \mathfrak{U}(x)$ が存在する．すると $x \in U$ だから $x \in V$ となる．

条件 (2) が成り立つことを示す．$U \in \mathfrak{B}(x), U \subset V$ とする．$\mathfrak{B}(x)$ の作り方より，ある $W \in \mathfrak{U}(x)$ が存在して $W \subset U$ となる．すると $W \subset U \subset V$ となるから $V \in \mathfrak{B}(x)$ を得る．

条件 (3) が成り立つことを示す．$U, V \in \mathfrak{B}(x)$ とする．$\mathfrak{B}(x)$ の作り方より，$U' \subset U, V' \subset V$ で $U', V' \in \mathfrak{U}(x)$ となるものが存在する．条件 (b) より $W \subset U' \cap V'$ となる $W \in \mathfrak{U}(x)$ が存在する．すると $W \subset U' \cap V' \subset U \cap V$ となるから $U \cap V \in \mathfrak{B}(x)$ である．

条件 (4) が成り立つことを示す．$U \in \mathfrak{B}(x)$ とする．ある $U' \in \mathfrak{U}(x)$ が存在して $U' \subset U$ となる．するとこの $U' \in \mathfrak{U}(x)$ に対して，条件 (c) よりある $W \in \mathfrak{U}(x) \subset \mathfrak{B}(x)$ が存在して，

$$y \in W \Rightarrow V \in \mathfrak{U}(y) \text{ となる } V \subset U' \text{ が存在する．}$$

$V \subset U' \subset U$ だから $U \in \mathfrak{B}(y)$ を得る．整理すると，ある $W \in \mathfrak{B}(x)$ が存在して

$$y \in W \Rightarrow U \in \mathfrak{B}(y)$$

である． □

例 7.1.2. (X, d) を距離空間とする．各点 $x \in X$ に対して，x の ε-近傍全体を $\mathfrak{U}(x)$ とおく．すなわち

$$\mathfrak{U}(x) = \{U(x; \epsilon) \subset X \mid \epsilon > 0\}$$

とおく．また

$$\mathfrak{B}(x) = \{U \subset X \mid U(x; \epsilon) \subset U \text{ となる} \epsilon > 0 \text{が存在する}\}$$

とおくと $(X, \{\mathfrak{B}(x)\}_{x \in X})$ は位相空間となり，$\{\mathfrak{U}(x)\}_{x \in X}$ は基本近傍系となる．

位相空間 $(X, \{\mathfrak{B}(x)\}_{x \in X})$ に対して，距離空間の場合に ε-近傍を用いて定義したように，触点・集積点・閉包・内部・閉集合・開集合などを定義する．

7.1. 近傍の公理

定義 7.1.3. X を位相空間としその近傍系を $\{\mathfrak{B}(x)\}_{x \in X}$ とする．部分集合 $A \subset X$ とし，$x \in X$ とする．
(1) x の任意の近傍 $U \in \mathfrak{B}(x)$ に対して，$A \cap U \neq \emptyset$ となるとき，点 x を A の**触点**という．
(2) x の任意の近傍 $U \in \mathfrak{B}(x)$ に対して，$(A \backslash \{x\}) \cap U \neq \emptyset$ となるとき，点 x を A の**集積点**という．
(3) x のある近傍 $U \in \mathfrak{B}(x)$ が存在して $U \subset A$ となるとき，点 x を A の**内点**という．
(4) x のある近傍 $U \in \mathfrak{B}(x)$ が存在して $U \cap A = \emptyset$ となるとき，点 x を A の**外点**という．
(5) x の任意の近傍 $U \in \mathfrak{B}(x)$ に対して，$A \cap U \neq \emptyset$ かつ $A^C \cap U \neq \emptyset$ となるとき，点 x を A の**境界点**という．

位相空間 X の基本近傍系を $\{\mathfrak{U}(x)\}_{x \in X}$ とする．次の命題は触点，集積点などの定義における「任意の近傍 $U \in \mathfrak{B}(x)$」の部分を「任意の（基本近傍系の）$U \in \mathfrak{U}(x)$」におき換えて良いことを主張する．証明は基本近傍系の定義より明らかである．

命題 7.1.2. X を位相空間，$U \in \mathfrak{B}(x)$ を近傍系とし $\{\mathfrak{U}(x)\}_{x \in X}$ を基本近傍系とする．部分集合 $A \subset X$, $x \in X$ とする．このとき
(1) x が A の触点 $\iff$ 任意の $U \in \mathfrak{U}(x)$ に対して $A \cap U \neq \emptyset$ となる．
(2) x が A の集積点 $\iff$ 任意の $U \in \mathfrak{U}(x)$ に対して，$(A \backslash \{x\}) \cap U \neq \emptyset$ となる．
(3) x が A の内点 $\iff$ ある $U \in \mathfrak{U}(x)$ が存在して $U \subset A$ となる．
(4) x が A の外点 $\iff$ $U \in \mathfrak{U}(x)$ が存在して $U \cap A = \emptyset$ となる．
(5) x の A の境界点 $\iff$ 任意の $U \in \mathfrak{U}(x)$ に対して，$A \cap U \neq \emptyset$ かつ $A^C \cap U \neq \emptyset$ となる．

命題 7.1.3. X を位相空間とし，$A \subset X$ とする．
(1) $x \in A$ ならば x は A の触点である．
(2) x が A の集積点ならば x は A の触点である．
(3) $x \notin A$ が A の触点ならば，x は A の集積点である．

証明. 距離空間の場合の証明と全く同じであるので省略する. □

定義 7.1.4. X を位相空間とする. X の部分集合 $A \subset X$ に対して A の触点全体からなる集合を A の**閉包**といい, $\overline{A}$ または $cl(A)$ と書く.

命題 7.1.4. $(X, \mathfrak{B}(x)_{x \in X})$ を位相空間とし, 集合 $A, B \subset X$ とする.
(1) $A \subset \overline{A}$
(2) $A \subset B \Longrightarrow \overline{A} \subset \overline{B}$
(3) $\overline{A \cup B} = \overline{A} \cup \overline{B}$
(4) $\overline{A \cap B} \subset \overline{A} \cap \overline{B}$
(5) $\overline{\overline{A}} = \overline{A}$

証明. (1) の証明. $x \in A$ ならば x は A の触点であることより明らか.
(2) の証明. $x \in \overline{A}$ とする. x の任意の近傍 $U \in \mathfrak{B}(x)$ に対して x は A の触点だから $U \cap A \neq \emptyset$ である. $A \subset B$ だから $\emptyset \neq U \cap A \subset U \cap B$ となり x は B の触点である. したがって $x \in \overline{B}$ となり, $\overline{A} \subset \overline{B}$ が示せた.
(3) の証明. $A \subset A \cup B$ だから (2) より $\overline{A} \subset \overline{A \cup B}$ である. 同様に $\overline{B} \subset \overline{A \cup B}$ である. したがって $\overline{A} \cup \overline{B} \subset \overline{A \cup B}$ となる.
次に $\overline{A \cup B} \subset \overline{A} \cup \overline{B}$ を示そう. そのために,「$x \in \overline{A \cup B} \Longrightarrow x \in \overline{A} \cup \overline{B}$」の対偶「$x \notin \overline{A} \cup \overline{B} \Longrightarrow x \notin \overline{A \cup B}$」を示す.
$x \notin \overline{A} \cup \overline{B}$ とする. すなわち, x は A の触点でもなくかつ B の触点でもないとする. x が A の触点でないから $U \cap A = \emptyset$ となる x の近傍 $U \in \mathfrak{B}(x)$ が存在する. 同様に $V \cap B = \emptyset$ となる x の近傍 $V \in \mathfrak{B}(x)$ が存在する. ここで $W = U \cap V$ とおくと W は x の近傍 $W \in \mathfrak{B}(x)$ である. $W \subset U$ かつ $W \subset V$ だから $W \cap (A \cup B) = (W \cap A) \cup (W \cap B) = \emptyset$ となる. したがって x は $A \cup B$ の触点ではない. $x \notin \overline{A \cup B}$ である.
(4) の証明. $A \cap B \subset A$ だから (2) より $\overline{A \cap B} \subset \overline{A}$ である. 同様に $\overline{A \cap B} \subset \overline{B}$ である. したがって $\overline{A \cap B} \subset \overline{A} \cap \overline{B}$ を得る.
(5) の証明. (1) より $A \subset \overline{A}$ である. すると (2) より $\overline{A} \subset \overline{\overline{A}}$ となる.
次に $\overline{\overline{A}} \subset \overline{A}$ を示そう. そのために,「$x \in \overline{\overline{A}} \Longrightarrow x \in \overline{A}$」を示す.
$x \in \overline{\overline{A}}$ とする. x の任意の近傍を $U \in \mathfrak{B}(x)$ とする. 定義 7.1.1 の条件

(iv) より x の近傍 $W \in \mathfrak{B}(x)$ が存在して

$$y \in W \Longrightarrow U \in \mathfrak{B}(y)$$

となる．この $W \in \mathfrak{B}(x)$ に対して，$x \in \overline{A}$ だから $W \cap \overline{A} \neq \emptyset$ である．したがって，$y \in W \cap \overline{A}$ となる y が存在する．$y \in W$ だから U は y の近傍 $U \in \mathfrak{B}(y)$ であり，かつ $y \in \overline{A}$ だから $U \cap A \neq \emptyset$ である．したがって x は A の触点，すなわち $x \in \overline{A}$ である． □

定義 7.1.5. $(X, \mathfrak{B}(x)_{x \in X})$ を位相空間とする．X の部分集合 $F \subset X$ が $\overline{F} = F$ となるとき，F を**閉集合**という．

問 7.1.1. $(X, \mathfrak{B}(x)_{x \in X})$ を位相空間とする．任意の集合 $A \subset X$ とする．このとき $\overline{A}$ は A を含む最小の閉集合であることを示せ．すなわち，次の (1),(2) を示せ．
(1) $\overline{A}$ は A を含む閉集合であること．
(2) $B \subset X$ が $A \subset B$ なる閉集合ならば $\overline{A} \subset B$ となること．

(解) (1)．命題 7.1.4 の (5) より $\overline{A}$ は閉集合である．また命題 7.1.4 の (1) より $A \subset \overline{A}$ となり A を含む．命題 7.1.4 の (2) より，$A \subset B$ ならば $\overline{A} \subset \overline{B} = B$ となる．

次に閉集合全体のもつ性質を述べる．

命題 7.1.5. $(X, \mathfrak{B}(x)_{x \in X})$ を位相空間とする．
(1) $X, \emptyset$ は閉集合である．
(2) $F_1, F_2, \ldots, F_n \subset X$ が閉集合ならば $\cup_{i=1}^{n} F_i$ は閉集合である．すなわち，閉集合の有限個の和集合は閉集合である．
(3) $\{F_i\}_{i \in I}, F_i \subset X$ を I を添字集合とする閉集合の族とする．このとき，その共通部分 $\cap_{i \in I} F_i$ は閉集合である．すなわち，閉集合の任意個の共通部分は閉集合である．

証明． (2) の証明．命題 7.1.4 の (3) と F_i が閉集合であることより $\overline{\cup_{i=1}^{n} F_i} = \cup_{i=1}^{n} \overline{F_i} = \cup_{i=1}^{n} F_i$ だから，$\cup_{i=1}^{n} F_i$ は閉集合である．
(3) の証明．問と F_i が閉集合であることより $\overline{\cap_{i \in I} F_i} \subset \cap_{i \in I} \overline{F_i} = \cap_{i \in I} F_i$ と

なる．逆に，命題 7.1.4 の (1) より $\cap_{i \in I} F_i \subset \overline{\cap_{i \in I} F_i}$ である．したがって，$\overline{\cap_{i \in I} F_i} = \cap_{i \in I} F_i$ となるから $\cap_{i \in I} F_i$ は閉集合である． □

定義 7.1.6. $(X, \mathfrak{B}(x)_{x \in X})$ を位相空間とする．部分集合 $A \subset X$ とする．A の内点全体からなる集合を A の**内部**といい，A° または $i(A)$ と書く．

命題 7.1.6. $(X, \mathfrak{B}(x)_{x \in X})$ を位相空間とする．集合 $A, B \subset X$ とする．
(1) $A^\circ \subset A$
(2) $A \subset B \implies A^\circ \subset B^\circ$
(3) $(A \cap B)^\circ = A^\circ \cap B^\circ$
(4) $A^\circ \cup B^\circ \subset (A \cup B)^\circ$
(5) $(A^\circ)^\circ = A^\circ$

証明. (1) の証明．$x \in A^\circ$ とする．内点の定義よりある x の近傍 $U \in \mathfrak{B}(x)$ が存在して，$U \subset A$ となる．$x \in U$ だから $x \in A$ となる．ゆえに $A^\circ \subset A$ である．

(2) の証明．$x \in A^\circ$ とする．内点の定義よりある x の近傍 $U \in \mathfrak{B}(x)$ が存在して，$U \subset A \subset B$ となる．これは $x \in B^\circ$ を意味する．ゆえに $A^\circ \subset B^\circ$ である．

(3) の証明．$A \cap B \subset A$ だから，(2) より $(A \cap B)^\circ \subset A^\circ$ となる．同様にして $A \cap B \subset B$ より $(A \cap B)^\circ \subset B^\circ$ となる．したがって，$(A \cap B)^\circ \subset A^\circ \cap B^\circ$ を得る．

次に逆向きの包含関係を示そう．任意の $x \in A^\circ \cap B^\circ$ とする．$x \in A^\circ$ より，ある x の近傍 $U \in \mathfrak{B}(x)$ が存在して $U \subset A$ となる．同様にして $x \in B^\circ$ より，ある x の近傍 $V \in \mathfrak{B}(x)$ が存在して $V \subset B$ となる．

そこで $U \cap V$ を考える．$U \cap V$ は x の近傍 $U \cap V \in \mathfrak{B}(x)$ で $U \cap V \subset U \subset A$ であり，かつ $U \cap V \subset V \subset B$ である．したがって，$U \cap V \subset A \cap B$ であるから，x は $A \cap B$ の内点である．すなわち $x \in (A \cap B)^\circ$ を得る．したがって $A^\circ \cap B^\circ \subset (A \cap B)^\circ$ となる．

(4) の証明．$A \subset A \cup B$ だから，(2) より $A^\circ \subset (A \cup B)^\circ$ となる．同様にして $B^\circ \subset (A \cup B)^\circ$ である．ゆえに $A^\circ \cup B^\circ \subset (A \cup B)^\circ$ である．

(5) の証明. (1) より $A^\circ \subset A$ であり, (2) より $(A^\circ)^\circ \subset A^\circ$ となる.

次に逆向きの包含関係を示そう. 任意の $x \in A^\circ$ をとる. 内点の定義よりある x の近傍 $U \in \mathfrak{B}(x)$ が存在して, $U \subset A$ となる. この $U \in \mathfrak{B}(x)$ に対して定義 7.1.1（近傍の公理）の (iv) より, ある x の近傍 $W \in \mathfrak{B}(x), W \subset U$ が存在して
$$y \in W \Longrightarrow U \in \mathfrak{B}(y)$$
となる. すると $W \subset A^\circ$ である. 実際, 任意の $y \in W$ とすると, $U \in \mathfrak{B}(y)$ で $U \subset A$ だから y は A の内点, すなわち $y \in A^\circ$ である.

したがって, x の近傍 $W \in \mathfrak{B}(x)$ が存在して $W \subset A^\circ$ が示せた. ゆえに $x \in (A^\circ)^\circ$ を示したので, $A^\circ \subset (A^\circ)^\circ$ である. □

定義 7.1.7. $(X, \mathfrak{B}(x)_{x \in X})$ を位相空間とする. X の部分集合 $O \subset X$ が $O^\circ = O$ となるとき, O を**開集合**という.

問 7.1.2. $(X, \mathfrak{B}(x)_{x \in X})$ を位相空間とする. 任意の集合 $A \subset X$ とする. このとき A° は A に含まれる最大の開集合であることを示せ. すなわち, 次の (1),(2) を示せ.
(1) A° は A に含まれる開集合であること.
(2) $B \subset X$ が $B \subset A$ なる開集合ならば $B \subset A^\circ$ となること.

証明. (1). 命題 7.1.6 の (5) より $(A^\circ)^\circ = A^\circ$ だから A° は開集合である. また 命題 7.1.6 の (1) より $A^\circ \subset A$ だから, A° は A に含まれる開集合である.

(2). 命題 7.1.6 の (2) と B が開集合であることより $B = B^\circ \subset A^\circ$ となる. □

命題 7.1.7. $(X, \mathfrak{B}(x)_{x \in X})$ を位相空間とする. 集合 $O \subset X$ とする. このとき, (1),(2) は同値である.
(1) O が開集合
(2) 任意の点 $x \in O$ に対して, x のある近傍 $U \in \mathfrak{B}(x)$ が存在して $U \subset O$ となる.

開集合全体のもつ性質は以下のとおりである．

命題 7.1.8. $(X, \mathfrak{B}(x)_{x \in X})$ を位相空間とする．
(1) $X, \emptyset$ は開集合である．
(2) $\{O_i\}_{i \in I}, O_i \subset X$ を I を添字集合とする開集合の族とする．このとき，その和集合 $\cup_{i \in I} O_i$ は開集合である．すなわち，開集合の任意個の和集合は開集合である．
(3) $O_1, O_2, \ldots, O_n \subset X$ が開集合ならば $\cap_{i=1}^n O_i$ は開集合である．すなわち，開集合の有限個の共通部分は開集合である．

証明． (2) の証明．任意の $j \in I$ とする．$O_j \subset \cup_{i \in I} O_i$ だから，命題 7.1.6 の (2) と O_j が開集合であることより $O_j = O_j^\circ \subset (\cup_{i \in I} O_i)^\circ$ である．ゆえに $\cup_{j \in I} O_j \subset (\cup_{i \in I} O_i)^\circ$ である．

逆向きの包含関係は，命題 7.1.6 の (1) よりでるから，$(\cup_{i \in I} O_i)^\circ = \cup_{j \in I} O_j$ となり開集合であることが示せた．

(3) の証明．$(\cap_{i=1}^n O_i)^\circ \subset \cap_{i=1}^n O_i$ であることは命題 7.1.6 の (1) よりでる．逆向きの包含関係を示す．任意の $x \in \cap_{i=1}^n O_i$ とする．各 $i \in \{1, 2, \ldots, n\}$ に対して $x \in O_i$ で，O_i が開集合であることから，x のある近傍 $U_i \in \mathfrak{B}(x)$ が存在して $U_i \subset O_i$ となる．そこで $U = U_1 \cap U_2 \cap \cdots \cap U_n$ とおくと，U は x の近傍で，$U \subset U_i \subset O_i$ $(i = 1, 2, \ldots, n)$ となる．

したがって $U \subset \cap_{i=1}^n O_i$ となるから $x \in (\cap_{i=1}^n O_i)^\circ$ である．

ゆえに $\cap_{i=1}^n O_i \subset (\cap_{i=1}^n O_i)^\circ$ が示せた．$(\cap_{i=1}^n O_i)^\circ = \cap_{i=1}^n O_i$ となるから $\cap_{i=1}^n O_i$ は開集合である． □

開集合と閉集合との間には次の関係がある．

命題 7.1.9. $(X, \mathfrak{B}(x)_{x \in X})$ を位相空間とする．集合 $A \subset X$ とする．このとき，

A が閉集合 $\iff A^C$ が開集合

証明． ($\Longrightarrow$) の証明．任意の $x \in A^C$ とする．A が閉集合だから x は A の触点ではない．したがって，ある x の近傍 $U \in \mathfrak{B}(x)$ が存在して，$U \cap A = \emptyset$ となる．すなわち $U \subset A^C$ となる．ゆえに，x は A^C の内点となるから A^C

は開集合である．

($\Longleftarrow$) の証明．$x \notin A$ とする．$x \in A^C$ で A^C が開集合だから，x のある近傍 $U \in \mathfrak{B}(x)$ が存在して $U \subset A^C$ となる．すなわち $U \cap A = \emptyset$ となる．したがって x は A の触点ではない．ゆえに，A は閉集合である． □

次に位相空間の直積に位相を入れることを考える．

命題 7.1.10. $(X, \{\mathfrak{B}(x)\}_{x \in X})$, $(Y, \{\mathfrak{C}(y)\}_{y \in Y})$ を位相空間とする．X と Y の直積 $X \times Y$ の各点 $z = (x,y) \in X \times Y$ に対して，x の近傍と y の近傍の直積 $U \times V$（ただし，$U \in \mathfrak{B}(x), V \in \mathfrak{C}(y)$）を考え，その全体からなる集合を $\mathfrak{D}(x,y)$ とする．すなわち

$$\mathfrak{D}(x,y) = \{U \times V \mid U \in \mathfrak{B}(x), V \in \mathfrak{C}(y)\}$$

とおく．すると $\{\mathfrak{D}(x,y)\}_{(x,y) \in X \times Y}$ は基本近傍系の条件を満たす．

証明は省略する．

上の近傍の直積を基本近傍系とする位相空間を，**位相空間の直積（直積位相空間）**とよぶ．

7.2 開集合の公理

前の節では，定義 7.1.1「近傍の公理」を満たす集合族が与えられているものを位相空間と定義した．実は，位相空間の導入（定義）の仕方にはいくつかのやり方があり，本節では最初に「開集合の公理」を満たす集合族が与えられているものとして考え，それを位相空間とよぶことにする．本章では「近傍の公理」から出発しても「開集合の公理」から出発しても結局は同じであることを示す．

本によっては，最初に「開集合の公理」から出発しているものがあるので，何を出発点にしているかに注意して本を読む必要がある．

命題 7.1.8 では，開集合全体からなる集合族 $\mathfrak{O}$ は次の性質 (1)(2)(3) を満たすことを示した．

(1) $X, \emptyset \in \mathfrak{O}$ である．

(2) $\{O_i\}_{i\in I}$, $O_i \subset X$ で, $O_i \in \mathfrak{O}$ $(i \in I)$ ならば, その和集合は $\bigcup_{i\in I} O_i \in \mathfrak{O}$ である.

(3) $O_1, O_2, \ldots, O_n \subset X$ で $O_i \in \mathfrak{O}$ $(i = 1, 2, \ldots, n)$ ならばその共通部分は $\bigcap_{i=1}^{n} O_i \in \mathfrak{O}$ である.

このことを念頭において, 上の性質を満たす集合族が最初に与えられているものとし, それを出発点にして議論を進める.

定義 7.2.1. (**開集合の公理**) 集合 X の部分集合からなる族 $\mathfrak{O}$ が次の条件 (1)(2)(3) をみたすとき, $\mathfrak{O}$ は X 上の**位相**といい, X と $\mathfrak{O}$ のペア $(X, \mathfrak{O})$ を**位相空間**という. また $\mathfrak{O}$ に属する X の部分集合を**開集合**という.

(1) $X, \emptyset \in \mathfrak{O}$

(2) $O_i \in \mathfrak{O}$ $(i \in I)$ ならば $\bigcup_{i \in I} O_i \in \mathfrak{O}$

(3) $O_1, O_2 \in \mathfrak{O}$ ならば $O_1 \cap O_2 \in \mathfrak{O}$

(3) より容易に $O_1, O_2, \ldots, O_n \in \mathfrak{O}$ ならば $O_1 \cap O_2 \cap \cdots \cap O_n \in \mathfrak{O}$ が導かれる. (2)(3) は「開集合の有限個の共通部分は開集合である」,「開集合の任意個の和集合は開集合である」と言うことができる.

(**注**) もちろん, 前節で述べたように定義 7.1.1, 近傍の公理をみたす $\{\mathfrak{B}(x)_{x \in X}\}$ が与えられているとき, 開集合全体は「開集合の公理」を満たすから, 定義 7.2.1 の意味で位相空間となる. したがって, 特に距離空間も本節の意味で位相空間となる.

例 7.2.1. 集合 X とする.

(1) X の部分集合全体からなる集合族 $\mathfrak{B}(X)$ は明らかに位相の条件を満たす. この位相を**離散位相**という.

(2) $\mathfrak{O} = \{\emptyset, X\}$ は, 位相の条件を満たす. この位相を**密着位相**という.

以下に, 必ずしも距離空間とはならない位相空間の例をあげよう.

例 7.2.2. 集合 $X = \{a, b\}$ とする. ただし, a, b は異なるものとする. X に入る位相は, 次の 4 個である.

(i) $\{X, \emptyset\}$ (ii) $\{X, \emptyset, \{a\}, \{b\}\}$

(iii) $\{X, \emptyset, \{a\}\}$ (iv) $\{X, \emptyset, \{b\}\}$

例 7.2.3. 集合 $X = \{a, b, c\}$ とする．ただし，a, b, c はすべて異なるものとする．

(1) 集合族 $\mathfrak{O} = \{X, \emptyset, \{a\}, \{a, b\}, \{a, c\}\}$ は X 上の位相であることを示せ．

(2) 集合族 $\mathfrak{B} = \{X, \emptyset, \{a, b\}, \{a, c\}\}$ は X 上の位相にならないことを示せ．

証明． (1)　$\{a, b\} \cup \{a, c\} = \{a, b, c\} = X \in \mathfrak{O}$ であり，また $\{a, b\} \cap \{a, c\} = \{a\} \in \mathfrak{O}$ である．その他についても同様にして確かめることができ，$\mathfrak{O}$ は X 上の位相である．

(2)　$\{a, b\} \cap \{a, c\} = \{a\} \notin \mathfrak{B}$ だから位相にはならない．　　□

問 7.2.1. 集合 $X = \{a, b, c\}$ とする．ただし，a, b, c はすべて異なるものとする．X 上の位相をすべて求めよ．

以下に開集合（の公理）を用いて近傍を定義しよう．

定義 7.2.2.（**近傍の定義**）位相空間 $(X, \mathfrak{O})$ とし，点 $x \in X$ とする．集合 $U \subset X$ に対して，$x \in O \subset U$ となる開集合 O が存在するとき，集合 $U \subset X$ を点 x の**近傍**という．

例 7.2.4. 3個の要素からなる集合 $X = \{a, b, c\}$ とする．位相空間 $\{X, \emptyset, \{a, b\}\}$ において，点 $a \in X$ の近傍を考える．

集合 $\{a, b\}$ および $X = \{a, b, c\}$ は a の近傍である．

一方，集合 $\{a, c\}, \{a\}, \{b, c\}, \{b\}, \{c\}$ などは a の近傍ではない．

（**注**）点 x を含む開集合は x の近傍である．x を含む開集合を，x の**開近傍**という．

次の命題は，本節の定義 7.2.2 で定義した近傍が，前節の定義 7.1.1 の「近傍の公理」を満たすことを主張している．

命題 7.2.1.（**近傍の性質**）位相空間 $(X, \mathfrak{O})$ とする．点 $x \in X$ の近傍全体からなる集合を $\mathfrak{B}(x)$ とする．このとき，次のことが成り立つ．

(1) $U \in \mathfrak{B}(x)$ ならば $x \in U$ である．

(2) $U \in \mathfrak{B}(x)$ で $U \subset V$ ならば $V \in \mathfrak{B}(x)$ である．

(3) $U_1, U_2 \in \mathfrak{B}(x)$ ならば $U_1 \cap U_2 \in \mathfrak{B}(x)$ である．

(4) 任意の $U \in \mathfrak{B}(x)$ に対して $W \in \mathfrak{B}(x)$ が存在して，$y \in W$ ならば $U \in \mathfrak{B}(y)$ となる．

証明． (3) の証明．近傍の定義 7.2.2 より $x \in O_1 \subset U_1$ となる開集合 O_1 が存在する．同様に $x \in O_2 \subset U_2$ となる開集合 O_2 が存在する．$x \in O_1 \cap O_2 \subset U_1 \cap U_2$ で $O_1 \cap O_2$ は開集合だから，近傍の定義より $U_1 \cap U_2$ は点 x の近傍である．

(4) の証明．$U \subset X$ が $x \in X$ の近傍とする．近傍の定義より $x \in W \subset U$ となる開集合 W が存在する．$y \in W$ とすると $y \in W \subset U$ で W は開集合だから，近傍の定義より U は点 y の近傍である． □

(注) 近傍の定義 7.2.2 と命題 7.2.1 より，開集合からなる基本近傍系（開近傍）が存在することがわかる．

命題 7.2.2. 位相空間 $(X, \mathfrak{O})$ とし，X の部分集合 $O \subset X$ とする．このとき，(1) と (2) は同値である．
(1) O は開集合である．すなわち $O \in \mathfrak{O}$ である．
(2) 任意の $x \in O$ に対して O は x の近傍，すなわち $O \in \mathfrak{B}(x)$ である．

証明． (1) $\Longrightarrow$ (2) は明らか．(1) $\Longleftarrow$ (2) の証明．任意の $x \in O$ とする．O は x の近傍だから $x \in U_x \subset O$ となる開集合 U_x が存在する．$O = \bigcup_{x \in O} U_x$ であり，開集合の任意の和集合は開集合だから O は開集合である． □

近傍の全体からなる集合族 $\{\mathfrak{B}(x)\}_{x \in X}$ が，命題 7.2.1 により前節の定義 7.1.1 の (i)(ii)(iii)(iv) を満たすことを示したが，逆にこの性質をみたす集合族が本節の意味での位相を決定することを証明しよう．

定理 7.2.1. （開集合の公理と近傍の公理の同値性）集合 X の各点 $x \in X$ に対して X の部分集合からなる集合族 $\mathfrak{B}(x)$ が定まっていて，命題 7.2.1 の (1)(2)(3)(4) を満たすとする．このとき，各点 $x \in X$ に対して $\mathfrak{B}(x)$ が x の近傍全体となるような X 上の位相 $\mathfrak{O}$ がただ一つ存在する．

7.2. 開集合の公理

証明. （Ⅰ） X の部分集合からなる集合族 $\mathfrak{O}$ を

$$\mathfrak{O} = \{O \subset X \mid \text{すべての } x \in O \text{ に対して } O \in \mathfrak{B}(x)\}$$

とおく。
(1) $\mathfrak{O}$ が位相の定義 7.2.1「開集合の公理」の条件を満たすことを示す．
(i) $O_1, O_2 \in \mathfrak{O}$ とする．$x \in O_1 \cap O_2$ とすると，$x \in O_1$ より $O_1 \in \mathfrak{B}(x)$ であり，同様に $O_2 \in \mathfrak{B}(x)$ である．すると集合族 $\mathfrak{B}(x)$ の仮定 (3) より $O_1 \cap O_2 \in \mathfrak{B}(x)$ である．したがって，集合族 $\mathfrak{O}$ の定め方より $O_1 \cap O_2 \in \mathfrak{O}$ である．
(ii) $O_i \in \mathfrak{O}$ $(i \in I)$ とする．$x \in \bigcup_{i \in I} O_i$ とすると $x \in O_i$ となる $i \in I$ が存在する．$O_i \in \mathfrak{O}$ だから，集合族 $\mathfrak{O}$ の定め方より $O_i \in \mathfrak{B}(x)$ である．$O_i \subset \bigcup_{i \in I} O_i$ であるから，集合族 $\mathfrak{B}(x)$ の仮定 (2) より $\bigcup_{i \in I} O_i \in \mathfrak{B}(x)$ である．したがって，集合族 $\mathfrak{O}$ の定め方より $\bigcup_{i \in I} O_i \in \mathfrak{O}$ である．
(iii) $X, \emptyset \in \mathfrak{O}$ であることは明らかであるから，$\mathfrak{O}$ は X 上の位相である．
(2) 点 $x \in X$ とするとき，集合族 $\mathfrak{B}(x)$ が位相 $\mathfrak{O}$ から定まる x の近傍全体であることを示す．$U \subset X$ が位相 $\mathfrak{O}$ から定まる x の近傍とする．近傍の定義より $x \in O \subset U$ となる $O \in \mathfrak{O}$ が存在する．$\mathfrak{O}$ の定め方より $O \in \mathfrak{B}(x)$ である．$O \subset U$ だから仮定 (2) より $U \in \mathfrak{B}(x)$ である．

逆に $U \in \mathfrak{B}(x)$ とする．集合 $O = \{y \in X \mid U \in \mathfrak{B}(y)\}$ とおく．$x \in O$ で $O \subset U$ であることは明らか．また $O \in \mathfrak{O}$ であることが次のようにして示せる．

$y \in O$ とすると O の定め方より $U \in \mathfrak{B}(y)$ である．集合族 $\mathfrak{B}(y)$ の仮定 (4) より $W \in \mathfrak{B}(y)$ が存在して，$z \in W \Longrightarrow U \in \mathfrak{B}(z)$ となる．したがって，O の定め方より $z \in O$ である．すなわち $W \subset O$ となる．$W \in \mathfrak{B}(y)$ だから，$O \in \mathfrak{B}(y)$ となる．ゆえに $O \in \mathfrak{O}$ であることが示せた．

$x \in O \subset U$ だから U は位相 $\mathfrak{O}$ から定まる x の近傍である．
（Ⅱ）$\mathfrak{B}(x)$ が x の近傍全体となるような X 上の位相はただ一つであることを示す．位相 $\mathfrak{O}_1$ および位相 $\mathfrak{O}_2$ が $\mathfrak{B}(x)$ を x の近傍全体とするとする．$O \in \mathfrak{O}_1$ とする．命題 7.2.2 により，任意の $x \in O$ に対して $O \in \mathfrak{B}(x)$ である．すると再び命題 7.2.2 により $O \in \mathfrak{O}_2$ である．逆も同様であるので，位

相 $\mathfrak{O}_1$ と $\mathfrak{O}_2$ とは一致する. □

この定理により, 位相空間を「近傍の公理」により定義しても,「開集合の公理」により定義しても結局同じことであることが示せた. 触点, 集積点, 境界点, 閉集合などについては前節にしたがって議論すればよいので, 省略する. 集合 X に入っている位相を比較することを考える.

定義 7.2.3. 集合 X に 2 個の位相 $\mathfrak{O}_1$ と $\mathfrak{O}_2$ とが入っている. $\mathfrak{O}_1 \subset \mathfrak{O}_2$ であるとき, すなわち
$$O \in \mathfrak{O}_1 \Longrightarrow O \in \mathfrak{O}_2$$
となるとき, 位相 $\mathfrak{O}_2$ は位相 $\mathfrak{O}_1$ より**強い (細かい)** といい $\mathfrak{O}_1 \leq \mathfrak{O}_2$ と書く.

位相の強弱は近傍系で特徴づけることを与える.

命題 7.2.3. 位相空間 $(X, \mathfrak{O}_1)$ と $(X, \mathfrak{O}_2)$ とする. このとき (1) と (2) とは同値である.

(1) $\mathfrak{O}_1 \leq \mathfrak{O}_2$

(2) 各点 $x \in X$ において, U が位相 $\mathfrak{O}_1$ で x の近傍ならば U は位相 $\mathfrak{O}_2$ で x の近傍となる.

証明. (1) $\Longrightarrow$ (2) の証明. U を位相 $\mathfrak{O}_1$ で x の近傍とする. 開集合 $x \in O \in \mathfrak{O}_1$ が存在して $O \subset U$ となる. $\mathfrak{O}_1 \leq \mathfrak{O}_2$ だから $O \in \mathfrak{O}_2$ である. したがって, U は位相 $\mathfrak{O}_2$ で x の近傍となる.

(2) $\Longrightarrow$ (1) の証明. $O \in \mathfrak{O}_1$ とする. 任意の点 $x \in O$ とする. O は $\mathfrak{O}_1$ で x の近傍である. したがって, 仮定 (2) より O は $\mathfrak{O}_2$ で x の近傍である. ゆえに $O \in \mathfrak{O}_1$ である. □

近傍系に対する基本近傍系の関係と, 類似の関係のものとして開集合の基 (位相の基, open base) の概念を導入する.

定義 7.2.4. 位相空間 $(X, \mathfrak{O})$ とする. X の開集合からなる族 $\mathfrak{U} \subset \mathfrak{O}$ が, 次の条件

「任意の開集合 $O \in \mathfrak{O}$ に対して, $\mathfrak{U}$ の部分集合 $\mathfrak{B} \subset \mathfrak{U}$ が存在して

$$O = \bigcup_{B \in \mathfrak{B}} B$$

となる」を満たすとき，$\mathfrak{U}$ を位相空間 $(X, \mathfrak{O})$ の**開集合の基（位相空間の基）**という．

もちろん，開集合の全体は開集合の基となるが，それ以外にどのような性質を満たす部分集合族が，位相空間の開集合の基底となるかを調べよう．

命題 7.2.4. 集合 X の部分集合からなる族 $\mathfrak{U}$ とする．(1) と (2) とは同値である．

(1) $\mathfrak{U}$ はある位相空間の基である．

(2) $\mathfrak{U}$ が次の条件 (i),(ii) を満たす．

 (i) $\emptyset, X \in \mathfrak{U}$

 (ii) 任意の $U, V \in \mathfrak{U}$ と 任意の $x \in U \cap V$ に対して，ある $W \in \mathfrak{U}$ が存在して
$$x \in W, W \subset U \cap V$$
となる．

証明. (1) $\implies$ (2) は明らか．(2) $\implies$ (1) を示す．$\mathfrak{U}$ に属する X の部分集合の和集合で表わされるもの全体からなる（X の部分）集合族を $\mathfrak{O}$ とする．すなわち
$$\mathfrak{O} = \left\{ O \subset X \mid \mathfrak{B} \subset \mathfrak{U} \text{ が存在して } O = \bigcup_{B \in \mathfrak{B}} B \right\}$$
とおく．$\mathfrak{O}$ が位相空間，すなわち定義 7.2.1 の開集合の公理を満たすことを示す．

まず任意の $O \in \mathfrak{U}$ は自分自身の「和集合」$O = O$ より $O \in \mathfrak{O}$ となるから，$\mathfrak{U} \subset \mathfrak{O}$ であることに注意する．

(1) $\mathfrak{U} \subset \mathfrak{O}$ で，仮定 (i) $\emptyset, X \in \mathfrak{U}$ より，$X, \emptyset \in \mathfrak{O}$ である．

(2) $O_i \in \mathfrak{O}$ $(i \in I)$ とする．$\mathfrak{O}$ の構成の仕方より，各 $i \in I$ に対して $\mathfrak{B}_i \subset \mathfrak{U}$ が存在して，
$$O_i = \bigcup_{B \in \mathfrak{B}_i} B$$

となる. そこで, $\mathfrak{B} = \cup_{i \in I} \mathfrak{B}_i$ とおくと $\mathfrak{B} \subset \mathfrak{U}$ で

$$\bigcup_{i \in I} O_i = \bigcup_{i \in I} \left\{ \bigcup_{B \in \mathfrak{B}_i} B \right\} = \bigcup_{B \in \mathfrak{B}} B$$

となるから, $\cup_{i \in I} O_i \in \mathfrak{O}$ となる.

(3) (i) $U, V \in \mathfrak{U} \Longrightarrow U \cap V \in \mathfrak{O}$ となることを示す.
$x \in U \cap V$ とすると仮定 (ii) より $x \in W_x \subset U \cap V$ となる $W_x \in \mathfrak{U}$ が存在する. すると

$$U \cap V = \bigcup_{x \in U \cap V} W_x$$

となるから $U \cap V \in \mathfrak{O}$ を得る.

(ii) $O_1, O_2 \in \mathfrak{O}$ とする. $O_1 \cap O_2 \in \mathfrak{O}$ を示す. $\mathfrak{O}$ の構成の仕方より,

$$O_1 = \bigcup_{B_1 \in \mathfrak{B}_1} B_1, \quad O_2 = \bigcup_{B_2 \in \mathfrak{B}_2} B_2$$

となる $\mathfrak{B}_1, \mathfrak{B}_2 \subset \mathfrak{U}$ が存在する. 集合の分配則より

$$O_1 \cap O_2 = \left(\bigcup_{B_1 \in \mathfrak{B}_1} B_1 \right) \cap \left(\bigcup_{B_2 \in \mathfrak{B}_2} B_2 \right)$$
$$= \bigcup_{B_1 \in \mathfrak{B}_1} \bigcup_{B_2 \in \mathfrak{B}_2} (B_1 \cap B_2)$$

となり, (i) より $B_1 \cap B_2 \in \mathfrak{O}$ だから, $O_1 \cap O_2$ は $\mathfrak{O}$ に属する集合の和集合として表わされる. したがって $O_1 \cap O_2 \in \mathfrak{O}$ である. □

前の節では近傍系にもとづき位相空間の直積を定義したが, 全く同じ直積位相空間を開集合のもとで定義できる.

命題 7.2.5. 位相空間 $(X, \mathfrak{U}), (Y, \mathfrak{V})$ とする. X の開集合 $U \in \mathfrak{U}$ と Y の開集合 $V \in \mathfrak{V}$ の直積 $U \times V \subset X \times Y$ を考え, その全体からなる集合を $\mathfrak{O}$, すなわち

$$\mathfrak{O} = \{ U \times V \mid U \in \mathfrak{U}, V \in \mathfrak{V} \}$$

とおくと, $\mathfrak{O}$ は位相空間の基である.

証明. $\mathfrak{O}$ が命題 7.2.4 に述べた位相空間の基の条件を満たすことを示す.
(i) X, Y は開集合だから $X \times Y \in \mathfrak{O}$ である.
(ii) $U_1 \times V_1, U_2 \times V_2 \in \mathfrak{O}$ とする. すなわち U_1, U_2 は X の開集合, V_1, V_2 は Y の開集合とする.

任意の $(x,y) \in (U_1 \times V_1) \cap (U_2 \times V_2) = (U_1 \cap U_2) \times (V_1 \cap V_2)$ とする. $x \in U_1 \cap U_2$, $y \in V_1 \cap V_2$ で, $U_1 \cap U_2$ は X の開集合, $V_1 \cap V_2$ は Y の開集合だから $(U_1 \cap U_2) \times (V_1 \cap V_2) \in \mathfrak{O}$ である.

(i)(ii) より $\mathfrak{O}$ は位相空間の基である. □

$\mathfrak{O}$ は位相空間の基とする位相空間, 言い換えると, 開集合の直積の和集合として表わされる集合を開集合とする位相空間を**直積位相空間**という.

7.3 位相空間から位相空間への連続写像

距離空間での連続写像を参考に, 本節では位相空間での連続写像について述べる.

定義 7.3.1. 位相空間 X, Y とし, X から Y への写像 $f: X \to Y$ とする. $a \in X$ とし $b = f(a) \in Y$ とおく.

b の任意の近傍 $b \in U \subset Y$ に対して, $f(V) \subset U$ となる a の近傍 $V \subset X$ が存在するとき, 写像 f は点 a で**連続**であるという.

また, X のすべての点で連続であるとき, 写像 f は X から Y への**連続写像**であるという.

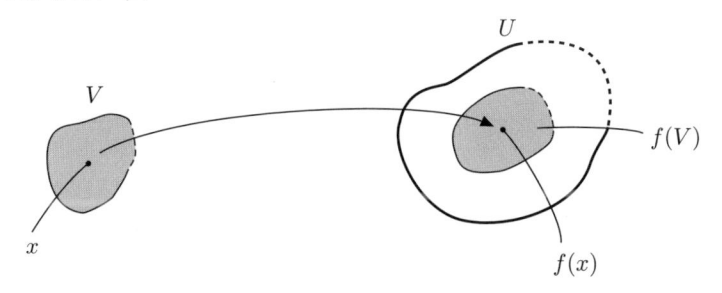

問 7.3.1. 位相空間 X から位相空間 Y への写像 $f : X \to Y$ とする. $\{\mathfrak{U}(y)\}_{y \in Y}$ を位相空間 Y の基本近傍系とする. $a \in X$ で $b = f(a) \in Y$ と

する. b の任意の基本近傍 $U \in \mathfrak{U}(b)$ に対して, $f(V) \subset U$ となる a の近傍 $V \subset X$ が存在するとき, f は点 a で連続であることを示せ.

命題 7.3.1. 位相空間 X, Y とし, X から Y への写像 $f : X \to Y$ とする. (1),(2),(3),(4) は同値である.
(1) f は X から Y への連続写像である.
(2) Y の任意の開集合 $O \subset Y$ の逆像 $f^{-1}(O) \subset X$ は X の開集合である.
(3) Y の任意の閉集合 $F \subset Y$ の逆像 $f^{-1}(F) \subset X$ は X の閉集合である.
(4) Y の任意の集合 $A \subset Y$ に対して, $\overline{f^{-1}(A)} \subset f^{-1}(\overline{A})$ となる.

証明. (1) $\Longrightarrow$ (2) の証明. Y の任意の開集合を $O \subset Y$ とするとき, $f^{-1}(O) \subset X$ が開集合となることを示す.

$a \in f^{-1}(O)$ とする. $f(a) \in O$ で O は $f(a)$ の近傍 (開近傍) で, f は点 a で連続だから, a のある近傍 U_a が存在して, $f(U_a) \subset O$, すなわち $U_a \subset f^{-1}(O)$ となる.

また開近傍は基本近傍系となるから a のある開近傍 (開集合) W_a が存在して $a \in W_a \subset U_a \subset f^{-1}(O)$ となる. すると

$$f^{-1}(O) = \bigcup_{a \in f^{-1}(O)} W_a$$

となり, W_a は開集合だから $f^{-1}(O)$ は開集合である.
(2) $\Longrightarrow$ (1) の証明. 任意の点 $a \in X$ とする. f が点 a で連続であることを示す.

$f(a) \in Y$ の任意の近傍 U とする. $f(a)$ の開近傍 (開集合) $f(a) \in O \subset Y$ で $O \subset U$ となるものが存在する. 仮定 (2) より $a \in f^{-1}(O)$ は開集合である. $V = f^{-1}(O)$ とおくと, V は a の開近傍で $f(V) = f(f^{-1}(O)) \subset O \subset U$ となるから, a で連続である.
(2) $\Longrightarrow$ (3) の証明. Y の任意の閉集合を $F \subset Y$ とする. 命題 7.1.9 により F^C は Y の開集合である. (2) より $f^{-1}(F^C) = (f^{-1}(F))^C$ は X の開集合である. したがって, 命題 7.1.9 より $f^{-1}(F)$ は X の閉集合である.
(3) $\Longrightarrow$ (2) の証明. Y の任意の開集合を $O \subset Y$ とする. O^C は Y の閉集合だから仮定 (3) より $f^{-1}(O^C) = (f^{-1}(O))^C$ は X の閉集合である. し

がって，$f^{-1}(O)$ は X の開集合である．

$(3) \implies (4)$ の証明． $A \subset \overline{A}$ だから $f^{-1}(A) \subset f^{-1}(\overline{A})$ である．また $\overline{A}$ は閉集合だから仮定 (3) より $f^{-1}(\overline{A})$ は X の閉集合である．したがって $\overline{f^{-1}(A)} \subset \overline{f^{-1}(\overline{A})} = f^{-1}(\overline{A})$ となる．

$(4) \implies (3)$ の証明． Y の任意の閉集合を $F \subset Y$ とする．仮定 (4) と F が閉集合であることより $\overline{f^{-1}(F)} \subset f^{-1}(\overline{F}) = f^{-1}(F)$ となる．

一方，$f^{-1}(F) \subset \overline{f^{-1}(F)}$ だから，あわせて $\overline{f^{-1}(F)} = f^{-1}(F)$ を得る．したがって，$f^{-1}(F)$ は閉集合である． □

位相空間の同型（位相同型）について議論しよう．

定義 7.3.2. 位相空間 X, Y とする．写像 $f: X \to Y$ とする．写像 f が全単射で，写像 f も逆写像 f^{-1} もともに連続であるとき，f を**同相写像**という．

問 7.3.2. 写像 $f: X \to Y$ が位相空間 X から位相空間 Y への同相写像ならば，f の逆写像 f^{-1} も同相写像であることを示せ．

定義 7.3.3. 位相空間 X, Y とする．X から Y への同相写像が存在するとき，X と Y は**位相同型**であるといい，$X \simeq Y$ と書く．

（注） 位相空間が位相同型であるとは，位相空間としては同相写像をとおして 2 つの位相空間は同じと見なしてよいことを意味する．

問 7.3.3. 位相空間 X, Y, Z とする．次のことを示せ．
(1) $X \simeq Y$ ならば $Y \simeq X$ である．
(2) $X \simeq Y$ で $Y \simeq Z$ ならば $X \simeq Z$ である．

例 7.3.1. 集合 R^k 上にユークリッド距離 d と，距離 d_1 と d_∞ とが存在した．

(R^k, d), (R^k, d_1), (R^k, d_∞) とは恒等写像で位相同型である．

言い換えると，各々の距離による開集合，近傍は完全に一致する．

練習問題

(1) 集合 $X = \{a, b, c\}$ とする．ただし，a, b, c はすべて異なるものとする．X 上の位相をすべて求めよ．

(2) f を位相空間 X から位相空間 Y への写像とする．このとき次の (i) (ii) が同値であることを証明せよ．

　(i) Y の任意の開集合 $O \subset Y$ の逆像 $f^{-1}(O) \subset Y$ は開集合である．

　(ii) Y の任意の集合 $A \subset Y$ に対して，$\left(f^{-1}(A)\right)^\circ \supset f^{-1}(A^\circ)$ となる．

(3) 連続写像の合成は連続写像であることを示せ．すなわち, 位相空間 $(X, \mathfrak{O})$, $(Y, \mathfrak{T})$, $(Z, \mathfrak{T})$ とする．写像 $f : X \to Y$ が連続写像で，写像 $g : Y \to Z$ が連続写像ならば，f と g の合成 $g \circ f : X \to Z$ は連続写像である．

(4) 集合 X とし位相空間 $(Y, \mathfrak{O})$ とする．写像 $f : X \to Y$ とする．次の問に答えよ．

　(i) $(Y, \mathfrak{O})$ の逆像全体は X の位相となる．すなわち，Y の部分集合族 $\mathfrak{T} = \{f^{-1}(O) \,|\, O \in \mathfrak{O}\}$ は開集合の公理を満たす．

　(ii) 上で求めた X の位相 $\mathfrak{T}$ は，写像 f を連続にする最弱の位相である．すなわち $f : (X, \mathfrak{U}) \to (Y, \mathfrak{O})$ が連続ならば $\mathfrak{T} \leq \mathfrak{U}$ である．

(5) 位相空間 X, Y, Z とする．次のことを示せ．

　(i) $X \simeq Y$ ならば $Y \simeq X$ である．

　(ii) $X \simeq Y$ で $Y \simeq Z$ ならば $X \simeq Z$ である．

第8章

コンパクト空間

1次元ユークリッド空間における有界閉区間は，区間縮小法・中間値の定理・最大最小値の存在など有意義な性質をもっていた．その性質の本質的なものを抽象化して取り上げたものがコンパクト性である．

8.1 コンパクト集合

定義 8.1.1. X を位相空間とする．部分集合 $K \subset X$ とする．X の開集合の族 $\{O_i\}_{i \in I}$ が条件
$$K \subset \bigcup_{i \in I} O_i$$
を満たすとき，開集合の族 $\{O_i\}_{i \in I}$ を K の**開被覆** (open covering) という．

定義 8.1.2. X を位相空間とする．部分集合 $K \subset X$ とする．K の任意の開被覆 $\{O_i\}_{i \in I}$ に対して，ある有限集合 $J = \{j_1, j_2, \ldots, j_n\} \subset I$ が存在して
$$K \subset \bigcup_{j \in J} O_j = O_{j_1} \cup O_{j_2} \cup \cdots \cup O_{j_n}$$
となるとき，K を**コンパクト集合**という．有限個からなる開被覆を**有限開被覆**という．

コンパクト集合のありがたい点は，無限の問題が有限の処理で可能になるところである．

定義 8.1.3. 位相空間 X が，自分自身の部分集合としてコンパクトであるとき，すなわち X の開集合の族 $\{O_i\}_{i \in I}$ が

$$X = \bigcup_{i \in I} O_i$$

であるとき，ある有限集合 $J = \{j_1, j_2, \cdots, j_n\} \subset I$ が存在して

$$X = \bigcup_{j \in J} O_j$$

となるとき，位相空間 X を**コンパクト空間**という．

（注） 以下のことが成り立つ．
$K \subset X$ がコンパクト集合
$\iff X$ からの相対位相で K がコンパクト空間

命題 8.1.1.（Heine-Borel の被覆定理）1次元ユークリッド空間を R とする．$a < b, a, b \in$ R としたとき，有界閉区間 $[a, b] \subset$ R はコンパクト集合である．

証明． $[a, b]$ の任意の開被覆を $\{O_i\}_{i \in I}$ とする．この開被覆から $[a, b]$ の有限開被覆がとれることを示す．

$a \leq x \leq b$ で，閉区間 $[a, x]$ が $\{O_i\}_{i \in I}$ の有限開被覆が存在するような x 全体からなる集合を A とおく．すなわち，

$$A = \{x \mid a \leq x \leq b, \text{ある有限集合 } J \subset I \text{ が存在して } [a, x] \subset \bigcup_{j \in J} O_j\}$$

とおく．$b \in A$ を示せばよい．

(i) $[a, a] = \{a\}$ より $a \in A$ であるから，集合 A は空集合ではない．
(ii) $x \in A \implies x \leq b$ だから，集合 A は上に有界である．上に有界な実数の集合は最小上界をもつという実数の性質 5.1.3 より，A の最小上界を $s = \sup A$ とおく．まず $s \in A$ となることを示そう．

$s \in [a, b]$ だから，$s \in O_k, (k \in I)$ となる O_k が存在する．O_k は開集合で $s \in O_k$ だから $(s - \epsilon, s + \epsilon) = U(s; \epsilon) \subset O_k$ となる $\epsilon > 0$ が存在する．

$s-\epsilon < s$ で s は集合 A の最小上界だから $s-\epsilon < x$ となる $x \in A$ が存在する．A の定義より，閉区間 $[a,x]$ は $\{O_i\}_{i \in I}$ の有限開被覆 $\{O_j\}_{j \in J}$ をもつ．すると，

$$[a,s] \subset [a,x] \cup (s-\epsilon, s+\epsilon) \subset (\cup_{j \in J} O_j) \cup O_k$$

となるから，$[a,s]$ は有限開被覆をもつ．したがって，$s \in A$ である．

次に $s = b$ となることを示そう．もし $s < b$ とすると，$s \in A$ を示した直前の論法と同じようにして $[a, s+\epsilon)$ が有限開被覆をもつ $\epsilon > 0$ が存在することが示せる．したがって閉区間 $[a, s+\epsilon/2]$ が有限開被覆をもつことになり，$s + \epsilon/2 \in A$ となり s が A の上界であることに反する．ゆえに，$s = b$ である．

上の 2 つのことより $b = s \in A$ が示せた． □

命題 8.1.2. X をコンパクト空間とする．このとき $K \subset X$ が閉集合ならば，K はコンパクト集合である．

証明． $\{O_i\}_{i \in I}$ を K の開被覆とする．すなわち $K \subset \bigcup_{i \in I} O_i$ とする．K は閉集合だから K^C は開集合である．すると

$$X = K \cup K^C \subset \left(\bigcup_{i \in I} O_i\right) \cup K^C$$

となり，$\{O_i\}_{i \in I}, K^C$ は X の開被覆である．したがって，この中の有限個で X を覆うが，K^C は集合 K とは共通部分が空集合だから，K を覆うのは $\{O_i\}_{i \in I}$ の中の有限個である．したがって，K はコンパクト集合である． □

位相空間において，近傍がどれくらいたくさんあるかを表わす分離公理について，簡単なことのみ紹介する．

定義 8.1.4. 位相空間 X が以下の条件を満たすとき，位相空間 X を**ハウスドルフ空間**という．

「X の異なる 2 点 $x, y \in X$ $x \neq y$ に対して，x の近傍 U と y の近傍 V が存在して，$U \cap V = \emptyset$ となる．」

問 8.1.1. 以下のことを証明せよ．
(1) 距離空間はハウスドルフ空間である．
(2) X がハウスドルフ空間ならば，1 点からなる集合は閉集合である．

命題 8.1.3. X がハウスドルフ空間とする．このとき $K \subset X$ がコンパクト集合ならば，K は閉集合である．

証明． K^C が開集合になることを示す．

任意の $x \in K^C$ とするとき，x が K^C の内点であることを言う．任意の $y \in K$ に対して，X はハウスドルフ空間だから $U_y \cap V_y = \emptyset$ となる，x の開近傍（開集合）U_y と y の開近傍 V_y が存在する．すると

$$K \subset \bigcup_{y \in K} V_y$$

となり，K の開被覆となる．K がコンパクト集合であることより，$y_1, y_2, \ldots, y_n \in K$ が存在して

$$K \subset V_{y_1} \cup V_{y_2} \cup \cdots \cup V_{y_n}$$

となる．そこで

$$U = U_{y_1} \cap U_{y_2} \cap \cdots \cap U_{y_n}$$

とおくと，U は x の開近傍で

$$U \cap K \subset U \cap (V_{y_1} \cup V_{y_2} \cup \cdots \cup V_{y_n}) = \emptyset$$

を得る．したがって，$U \subset K^C$ となり x は K^C の内点である． □

2 つの命題をあわせると次の定理を得る．

定理 8.1.1. X をコンパクトなハウスドルフ空間とし，$K \subset X$ とする．このとき (1),(2) は同値である．
(1) K はコンパクト集合である．
(2) K は閉集合である．

定義 8.1.5. 集合 X の部分集合の族 $\{A_i\}_{i \in I}$ が条件
「任意の有限集合 $J \subset I$ に対して,$\cap_{j \in J} A_j \neq \emptyset$ となる」
を満たすとき,$\{A_i\}_{i \in I}$ は**有限交叉性**をもつという.

命題 8.1.4.(**コンパクト性と有限交叉性**) 位相空間 X とする.(1),(2) は同値である.
(1) X はコンパクト空間である.
(2) X の閉集合からなる族 $\{F_i\}_{i \in I}$ が有限交叉性をもつならば,$\cap_{i \in I} F_i \neq \emptyset$ である.

証明.(1) $\Longrightarrow$ (2) の証明.背理法で証明する.
有限交叉性をもつ X の閉集合の族 $\{F_i\}_{i \in I}$ で $\cap_{i \in I} F_i = \emptyset$ となるものが存在するとする.すると

$$X = \left(\bigcap_{i \in I} F_i\right)^C = \bigcup_{i \in I} F_i^C$$

となり,X の開被覆を得る.ところで,仮定より I の任意の有限集合 $J \subset I$ に対して $\cap_{j \in J} F_j \neq \emptyset$ となるから $X \neq \cup_{j \in J} F_j^C$ となり,有限開被覆が存在しない.これは X がコンパクト空間であることに反する.
(2) $\Longrightarrow$ (1) の証明.X の任意の開被覆を $\{O_i\}_{i \in I}$ とする.

$$\emptyset = \left(\bigcup_{i \in I} O_i\right)^C = \bigcap_{i \in I} O_i^C$$

となる.また $\{O_i^C\}_{i \in I}$ は閉集合の族だから仮定 (2) より,ある有限集合 $J \subset I$ が存在して

$$\emptyset = \bigcap_{j \in J} O_j^C$$

となる.したがって $X = \left(\cap_{j \in J} O_j^C\right)^C = \cup_{j \in J} O_j$ となり,有限開被覆が存在することが示せた.ゆえに,X はコンパクト空間である. □

定義 8.1.6. 距離空間 (X, d) の部分集合 $K \subset X$ が条件
「K の点からなる任意の点列 $\{x_n\}_{n=1}^{\infty}$, $(x_n \in K)$ が,K の点に収束する部

分列をもつ」

を満たすとき，K を **点列コンパクト集合** という．

定義 8.1.7. 距離空間 (X,d) が，自分自身の部分集合として点列コンパクト集合のとき，すなわち

「X の点からなる任意の点列が収束する部分列をもつ」とき，(X,d) を **点列コンパクト空間** という．

（注） (X,d) を距離空間とするとき，以下のことが成り立つ．
$K \subset X$ が点列コンパクト集合
$\iff X$ からの相対位相で K が点列コンパクト空間

問 8.1.2. 距離空間 (X,d) とする．$K \subset X$ が点列コンパクト集合ならば，K は閉集合であることを示せ．

距離空間では，コンパクト性と点列コンパクト性が同値であることを主張する次の定理が成り立つ．

定理 8.1.2.（距離空間におけるコンパクトと点列コンパクトの同値性）(X,d) を距離空間とする．このとき (1),(2) は同値である．
(1) X はコンパクト空間である．
(2) X は点列コンパクト空間である．

証明．(1) $\implies$ (2) の証明．X の任意の点列を $\{x_n\}_{n=1}^{\infty}$ とする．第 k 番以後の点からなる集合を A_k とする．すなわち $A_k = \{x_k, x_{k+1}, \ldots\}$ とおく．$A_1 \supset A_2 \supset A_3 \supset \cdots$ であるから $\overline{A_1} \supset \overline{A_2} \supset \cdots$ となり，閉集合の列 $\{\overline{A_k}\}_{k \in \mathbb{N}}$ は有限交叉性をもつ．したがって，命題 8.1.4 により $\bigcap_{k=1}^{\infty} \overline{A_k} \neq \emptyset$ となる．点 $x \in \bigcap_{k=1}^{\infty} \overline{A_k}$ をとる．すると，x に収束する部分列がとれることを示そう．

x はすべての A_k の触点であることに注意する．$U(x;1) \cap A_1 \neq \emptyset$ だから $x_{k(1)} \in U(x;1) \cap A_1$ となる点 $x_{k(1)}$ がとれる．次に $U(x;1/2) \cap A_2 \neq \emptyset$ に注意して $x_{k(2)} \in U(x;1/2) \cap A_2$ となる点 $x_{k(2)}$ で $1 \leq k(1) < k(2)$ となるものがとれる．

順次このことを繰り返して，点列 $\{x_{k(n)}\}_{n=1}^{\infty}$ で，$1 \leq k(1) < k(2) < k(3) <$

8.1. コンパクト集合

$\cdots$ で $d(x, x_{k(n)}) < 1/n$ となるものをとれる．この点列 $\{x_{k(n)}\}_{n=1}^{\infty}$ が部分列で x に収束することは明らかである．

(2) $\Longrightarrow$ (1) の証明．X の任意の開被覆を $\{O_i\}_{i \in I}$ とする．

(i) 「ある $\epsilon > 0$ が存在して，すべての点 $x \in X$ の ε-近傍 $U(x;\epsilon)$ が $U(x;\epsilon) \subset O_i$ となる O_i をもつ」ことを示そう．

背理法による．すなわち，任意の $\epsilon > 0$ に対して，$U(x;\epsilon)$ がどの O_i にも含まれない点 $x \in X$ が存在すると仮定する．

すると X の点列 $\{x_n\}_{n=1}^{\infty}$ が存在して，x_n の $1/n$-近傍 $U(x_n; 1/n)$ がどの O_i にも含まれないようにできる．

X は点列コンパクト空間だから，収束する部分列 $\{x_{k(n)}\}$ が存在する．その極限を $x \in X$ とし，$x \in O_{i_0}$ となる O_{i_0} をとる．O_{i_0} は開集合だからある $\delta > 0$ が存在して $U(x;\delta) \subset O_{i_0}$ となる．点列 $\{x_{k(n)}\}$ は x に収束するから，ある正の整数 N が存在し

$$n \geq N \Longrightarrow d(x_{k(n)}, x) < \frac{\delta}{2}$$

となる．そこで，$n \geq \max\{N, 2/\delta\}$ となる正の整数 n をとると $U(x_{k(n)}, 1/k(n)) \subset U(x;\delta) \subset O_{i_0}$ となる．実際，

$$y \in U(x_{k(n)}, 1/k(n)) \Longrightarrow d(y, x) \leq d(y, x_{k(n)}) + d(x_{k(n)}, x)$$
$$< \frac{1}{k(n)} + \frac{\delta}{2} \leq \frac{1}{n} + \frac{\delta}{2} < \delta$$

を得る．すると $U(x_{k(n)}, 1/k(n)) \subset O_{i_0}$ となり，これは矛盾である．

(ii) 有限開被覆をもつことを背理法で示す．

正の数 $\epsilon > 0$ を (i) でその存在が証明された ϵ とする．するとどの部分列も収束しない点列が存在することが以下のようにして示せる．

最初に点 $x_1 \in X$ をとる．

ϵ の取り方より $U(x_1, \epsilon) \subset O_{i_1}$ となる O_{i_1} が存在する．すると背理法の仮定より $x_2 \in X$ で $x_2 \notin O_{i_1}$ となる x_2 が存在する．

また $U(x_2, \epsilon) \subset O_{i_2}$ となる O_{i_2} が存在する．$X = O_{i_1} \cup O_{i_2}$ となると，X が2個（有限個）の開被覆をもつことになり背理法の仮定に反するので，$x_3 \in X$ で $x_3 \notin O_{i_1} \cup O_{i_2}$ となるものが存在することが言える．

順次このことを繰り返すと,点列 $\{x_n\}_{n=1}^{\infty}$ で,$U(x_n;\epsilon) \cap U(x_m,\epsilon) = \emptyset$ ($n \neq m$ のとき) となるものが存在することが示せた.したがって,

$$n \neq m \Longrightarrow d(x_n, x_m) \geq \epsilon$$

となる.明らかにこの点列 $\{x_n\}_{n=1}^{\infty}$ はコーシー列でなく,どの部分列もコーシー列になることはなく収束列にはならない. □

この命題より明らかに次の系が成り立つ.

系 8.1.1. (X, d) を距離空間とする.$K \subset X$ とする.このとき (1),(2) は同値である.
(1) K はコンパクト集合である.
(2) K は点列コンパクト集合である.

(注) 命題 8.1.1 (Heine-Borel の被覆定理) においては,有界閉区間 $[a, b]$ がコンパクト集合であることを直接証明した.コンパクト性と点列コンパクト性が同値であることを主張する上の定理を使うと,「有界な実数列は収束する部分列をもつ」を意味する命題 5.2.10 より $[a, b]$ がコンパクト集合であることが示せる.実際,閉区間 $[a, b]$ の中の点列は,有界だから収束する部分列をもち,しかも $[a, b]$ は閉集合だからその極限は $[a, b]$ の中にある.したがって $[a, b]$ は点列コンパクト集合である.すると上の定理により $[a, b]$ はコンパクト集合である.

定義 8.1.8. 距離空間 (X, d) とする.部分集合 $A \subset X$ に対して,$d(A) = \sup\{d(x, y) \mid x, y \in A\}$ とおき,集合 A の**直径**という.

$d(A) < \infty$ となるとき,集合 A は**有界**であるという.

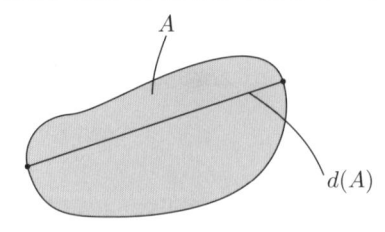

命題 8.1.5. 距離空間 (X, d) とする.部分集合 $K \subset X$ がコンパクト集合ならば K は有界である.

証明. 点 $a \in X$ をとる．$O_n = \{x \in X \mid d(a,x) < n\} = U(a;n)$ とおくと，$K \subset \cup_{n=1}^{\infty} O_n$ となるから K の開被覆である．また K はコンパクト集合だから有限開被覆をもつ．$O_1 \subset O_2 \subset \cdots$ に注意すると，ある n が存在して $K \subset O_n = U(a;n)$ となる．すると

$$x, y \in K \Longrightarrow d(x,y) \leq d(x,a) + d(a,y) < 2n$$

となるから $d(K) \leq 2n$ となり K は有界である． □

8.2 連続写像

本節では，コンパクト集合の連続写像による像はコンパクト集合になることを示す．

定理 8.2.1. 写像 f を位相空間 X から位相空間 Y への連続写像 $f : X \to Y$ とする．このとき $K \subset X$ がコンパクト集合ならば，その像 $f(K) \subset Y$ はコンパクト集合である．

証明. $f(K)$ の任意の開被覆を

$$f(K) \subset \bigcup_{i \in I} O_i, \quad O_i \text{は開集合} \ (i \in I)$$

とする．すると

$$K \subset f^{-1}(f(K)) \subset f^{-1}\left(\bigcup_{i \in I} O_i\right) = \bigcup_{i \in I} f^{-1}(O_i)$$

となる．f は連続写像で O_i は開集合だから $f^{-1}(O_i)$ は開集合である．また K はコンパクト集合だから，有限集合 $J \subset I$ が存在して $K \subset \cup_{j \in J} f^{-1}(O_j)$ となる．ゆえに，

$$f(K) \subset f\left(\bigcup_{j \in J} f^{-1}(O_j)\right) = \bigcup_{j \in J} f(f^{-1}(O_j)) \subset \bigcup_{j \in J} O_j$$

となる．したがって $f(K)$ はコンパクト集合である． □

定義 8.2.1. 位相空間 X, Y とする．X から Y への写像 $f : X \to Y$ とする．

(1) $A \subset X$ が閉集合ならば，$f(A) \subset Y$ が閉集合となるとき，f を**閉写像**という．

(2) $A \subset X$ が開集合ならば，$f(A) \subset Y$ が開集合となるとき，f を**開写像**という．

この定理より，「コンパクト空間からハウスドルフ空間への連続写像は閉写像である」という次の系を得る．

系 8.2.1. 写像 f を コンパクト空間 X からハウスドルフ空間 Y への連続写像とする．このとき $F \subset X$ が閉集合ならばその像 $f(F) \subset Y$ は閉集合である．

証明． $F \subset X$ を閉集合とする．X はコンパクト空間だから，命題 8.1.2 により F はコンパクト集合である．したがって，定理 8.2.1 によりその像 $f(F) \subset Y$ は閉集合である． □

問 8.2.1. 次の各命題が真か偽かを述べ，真であればその証明を偽であればその反例を与えよ．

(1) コンパクト空間からハウスドルフ空間への連続写像は，開写像である

(2) コンパクト空間からハウスドルフ空間への連続写像が，全射であれば開写像である

命題 8.2.1. 写像 f を コンパクト空間 X からハウスドルフ空間 Y への連続写像で，全単射とする．このとき，逆写像 $f^{-1} : Y \to X$ は連続である．

証明． X の任意の閉集合を $F \subset X$ とする．F の写像 f^{-1} による逆像は $f(F)$ であり，系 8.2.1 により $f(F)$ は閉集合である．したがって，f^{-1} は連続である． □

定理 8.2.2.（チコノフの定理） 位相空間 X, Y とする．(1),(2) は同値である．

(1) 直積位相空間 $X \times Y$ はコンパクト空間である．
(2) X と Y はコンパクト空間である．

証明． (1) $\Longrightarrow$ (2) の証明．写像 $\pi \colon X \times Y \to Y$ は連続写像である．すると，「コンパクト集合の連続像はコンパクトである」という定理 8.2.1 により $X = \pi(X \times Y)$ はコンパクト空間である．同様に Y はコンパクト空間である．

(2) $\Longrightarrow$ (1) の証明．$X \times Y$ の任意の開被覆を $\{O_i\}_{i \in I}$ とする．直積位相の位相の入れ方より，各開集合 O_i は $O_i = U_i \times V_i$，ただし，$U_i \subset X$ は X の開集合，$V_i \subset Y$ は Y の開集合であると仮定してもよい．

(i) 任意の点 $x \in X$ をとる．集合 $\{x\} \times Y \subset X \times Y$ に対して $\{U_i \times V_i\}_{i \in I}$ は $\{x\} \times Y$ の開被覆である．また $\{x\} \times Y$ と Y とは同相だから $\{x\} \times Y$ はコンパクトである．したがって有限開被覆 $\{U_j \times V_j\}_{j \in J_x}$ をもつ．ただし J_x は I の有限部分集合である．

$W_x = \cap_{j \in J_x} U_j$ とおくと，W_x は $x \in W_x$ なる X の開集合である．

(ii) $X = \cup_{x \in X} W_x$ より，$\{W_x\}_{x \in X}$ は X の開被覆である．X はコンパクト空間だから $x_1, x_2, \ldots, x_n \in X$ が存在して，$X = \bigcup_{i=1}^{n} W_{x_i}$ となる．すると

$$X \times Y = \bigcup_{i=1}^{n} \bigcup_{j \in J_{x_i}} (U_j \times V_j)$$

となる．すなわち有限開被覆である．したがって，$X \times Y$ はコンパクト空間であることが示せた． □

証明は省略するが，一般に次のことが成り立つ．

定理 8.2.3.（チコノフの定理） 位相空間 $X_1, X_2, \ldots, X_n$ とする．(1),(2) は同値である．
(1) 直積位相空間 $X_1 \times X_2 \times \ldots \times X_n$ はコンパクト空間である．
(2) $X_1, X_2, \ldots, X_n$ はコンパクト空間である．

n 次元ユークリッド空間 $\mathbf{R}^n$ の部分集合がコンパクト集合であるための条件を与えよう．チコノフの定理と，命題 8.1.1（Heine-Borel の定理）とにより次のことが成り立つことは明らかである．

命題 8.2.2. 有界閉区間の直積 $[a_1, b_1] \times [a_2, b_2] \times \cdots \times [a_n, b_n] \subset \mathbf{R^n}$ はコンパクト集合である．

命題 8.2.3. n 次元ユークリッド空間 $\mathbf{R^n}$ とする．$K \subset \mathbf{R^n}$ とする．(1),(2) は同値である．
(1) K はコンパクト集合である．
(2) K は有界閉集合である．

証明． (1) $\Longrightarrow$ (2) の証明．ユークリッド空間は距離空間だから，K は有界集合である．また，距離空間はハウスドルフ空間だから命題 8.1.3 により K は閉集合である．
(2) $\Longrightarrow$ (1) の証明．K は有界だから $K \subset [a_1, b_1] \times [a_2, b_2] \times \cdots \times [a_n, b_n]$ となる有界閉区間の直積が存在する．有界閉区間の直積はコンパクト集合（コンパクト空間）だから，その閉集合 K は，命題 8.1.2 によりコンパクト集合である． $\square$

練習問題

(1) X を位相空間とする．コンパクト集合の有限個の和集合はコンパクト集合であることを証明せよ．
　すなわち $K_1, K_2, \ldots, K_n \subset X$ がコンパクト集合ならば $K_1 \cup K_2 \cup \cdots \cup K_n$ はコンパクト集合である．
(2) 以下のことを証明せよ．
　(i) 距離空間はハウスドルフ空間である．
　(ii) X がハウスドルフ空間ならば，1 点からなる集合は閉集合である．
(3) 距離空間 (X, d) とする．$K \subset X$ が点列コンパクト集合ならば，K は閉集合であることを示せ．
(4) 次の各命題が真か偽かを述べ，真であればその証明を偽であればその反例を与えよ．
　(i) コンパクト空間からハウスドルフ空間への連続写像は，開写像である
　(ii) コンパクト空間からハウスドルフ空間への連続写像が，全射であれば開写像である

参考書

[1] 野矢　茂樹：論理学，東京大学出版会，1994
[2] 竹内　外史：集合とはなにか，講談社ブルーバックス，講談社，1976
[3] 齋藤　正彦：数学の基礎―集合・数・位相―，東京大学出版会，2002
[4] 前原　昭二：数学基礎論入門，朝倉書店，1977
[5] 志賀　浩二：集合への30講，数学30講シリーズ3，朝倉書店，1988
[6] 杉浦　光夫：解析入門I，基礎数学2，東京大学出版会，1980
[7] 矢野　公一：距離空間と位相構造，共立講座21世紀の数学4，共立出版，1997
[8] 松阪　和夫：集合・位相入門，岩波書店，1968
[9] 奥山　晃弘：論証・集合・位相入門，教育系学生のための数学シリーズ，共立出版，2006
[10] 森田　茂之：集合と位相空間，講座数学の考え方8，朝倉書店，2002
[11] 田中　尚夫：選択公理と数学，遊星社，1987

　上記の書籍は本書を書く際に参考にさせていただきました．
　読者の今後の勉強のために参考図書を簡単に紹介しておきます．
　[1] では論理とはなんであるかが，哲学の立場からわかりやすく説明されています．とくに「〜ならば」の真理値の定義の妥当性が読者に納得できるように説明されており，本書でも引用しました．
　[2] は数学基礎論の大家が，集合と論理との関連や公理的集合論の意義につ

いて書いた本です．本書では省略した順序数の直観的な意味を理解するのによい本です．

[3] は順序体について詳しく書かれています．（本書でも簡単に紹介した）順序体のもつ連続性などのいくつかの性質の同値性や，有理数体の完備化について述べています．コーシー列をもとにした完備化とデデキントの切断による完備化が同じであることなどを証明しています．

[4] は本書では全く触れることのできなかった証明論について述べている本で，論理式（命題）が「証明できる」とはどういうことであるかが定義されています．またゲーデルの不完全性定理が丁寧に証明してあります．

[5] は集合について初心者が疑問に感じることを，大変分かりやすく直観をまじえて説明しています．

[6] は微積分学の本格的な書物で，微積分を展開する上で必要なユークリッド空間の位相的な性質について述べてあります．

[8],[9] は本書と同じように論理・集合・位相空間についての本です．[8] は集合と位相空間についての本格的な書物です．濃度についても濃度の和，積など本書で述べた以上のことが書かれています．また [9] は実数全体や 2 次元のユークリッド空間に通常の位相とは異なる興味深い位相について説明があります．

[7],[10] は位相空間の本格的な書物です．連結性や局所コンパクト性，関数空間など本書では触れることのできなかった話題が述べらています．

[11] は選択公理についての本です．通常の数学では選択公理を仮定していますが，[11] ではどの場面で選択公理が使われているかを丁寧に説明してあります．本書は選択公理についてほとんど触れておりませんが，本書中で証明した「可算集合の可算個の和集合は，可算集合である」という命題にも選択公理が使われていることなどの説明があります．

練習問題のヒントと解答

第1章

(2) (i)

p	$\neg p$	$p \wedge \neg p$	$\neg(p \wedge \neg p)$
T	F	F	T
F	T	F	T

より $\neg(p \wedge \neg p)$ はトートロジーである.

(ii)

p	$\neg p$	$p \vee \neg p$
T	F	T
F	T	T

より $p \vee \neg p$ はトートロジーである.

(3) (i)

A	B	$A \to B$	$\neg A$	$\neg A \vee B$
T	T	T	F	T
T	F	F	F	F
F	T	T	T	T
F	F	T	T	T

$A \to B$ と $\neg A \vee B$ の真偽表の値(第3列と第5列)とが完全に一致している. したがって, $A \to B \equiv \neg A \vee B$ である.

(ii)

A	B	$A \to B$	$\neg(A \to B)$	$\neg B$	$A \wedge \neg B$
T	T	T	F	F	F
T	F	F	T	T	T
F	T	T	F	F	F
F	F	T	F	T	F

$\neg(A \to B)$ と $A \wedge \neg B$ の真偽表の値（第4列と第6列）とが完全に一致している．したがって，$\neg(A \to B) \equiv A \wedge \neg B$ である．

あるいは，次のようにしても示せる．

ド・モルガンの公式と (i) の結果とを使って，

$$\neg(A \to B) \equiv \neg(\neg A \vee B) \equiv \neg\neg A \wedge \neg B \equiv A \wedge \neg B$$

となるから，$\neg(A \to B) \equiv A \wedge \neg B$ である．

(iii)

A	B	$A \to B$	$\neg B$	$\neg A$	$\neg B \to \neg A$
T	T	T	F	F	T
T	F	F	T	F	F
F	T	T	F	T	T
F	F	T	T	T	T

$A \to B$ と $\neg B \to \neg A$ の真偽表の値（第3列と第6列）とが完全に一致している．したがって，$A \to B \equiv \neg B \to \neg A$ である．

(5) (i) 「ある素数が存在して，どの素数よりも大である」すなわち「最大の素数が存在する」

(ii)
$$\neg \exists x(P(x) \wedge \forall y(P(y) \to y \leq x))$$
$$\equiv \forall x \neg (P(x) \wedge (\forall y(P(y) \to y \leq x)))$$
$$\equiv \forall x(\neg P(x) \vee \neg (\forall y(P(y) \to y \leq x))$$
$$\equiv \forall x(\neg P(x) \vee \exists y \neg (P(y) \to y \leq x))$$
$$\equiv \forall x(\neg P(x) \vee \exists y(P(y) \wedge \neg (y \leq x)))$$
$$\equiv \forall x(\neg P(x) \vee \exists y(P(y) \wedge (y > x)))$$
$$\equiv \forall x(P(x) \to \exists y(P(y) \wedge (y > x)))$$

したがって，$\neg A$ は $\forall x(P(x) \to \exists y(P(y) \wedge (y > x)))$ である．

(iii) 「任意の素数 x に対して，$x < y$ となる素数 y が存在する」

もちろんこのことは論理式を変形して求めることなく，数学の普通の言葉により直ちに否定の命題は作ることができるし，またできなければ数学の学習はできないのは言うまでもない．

(6)
$$\neg (\forall \epsilon (\epsilon > 0 \to \exists y((y \in A) \wedge |x-y| < \epsilon)))$$
$$\equiv \exists \epsilon \neg (\epsilon > 0 \to \exists y((y \in A) \wedge |x-y| < \epsilon))$$
$$\equiv \exists \epsilon (\epsilon > 0 \wedge \neg \exists y((y \in A) \wedge |x-y| < \epsilon))$$
$$\equiv \exists \epsilon (\epsilon > 0 \wedge \forall y \neg ((y \in A) \wedge |x-y| < \epsilon))$$
$$\equiv \exists \epsilon (\epsilon > 0 \wedge \forall y(\neg (y \in A) \vee \neg (|x-y| < \epsilon)))$$
$$\equiv \exists \epsilon (\epsilon > 0 \wedge \forall y(\neg (y \in A) \vee (|x-y| \geq \epsilon)))$$
$$\equiv \exists \epsilon (\epsilon > 0 \wedge \forall y((y \in A) \to (|x-y| \geq \epsilon)))$$

したがって，$\neg Q(x)$ は $\equiv \exists \epsilon (\epsilon > 0 \wedge \forall y((y \in A) \to (|x-y| \geq \epsilon)))$ である．
「ある正の数 $\epsilon > 0$ が存在して，すべての A の要素 $y \in A$ は $|x-y| \geq \epsilon$ である」
言い換えると，「ある正の数 $\epsilon > 0$ が存在して，$U(x; \epsilon) \cap A = \emptyset$ である」

第2章

(1) (i) $x \in A \cup C$ とする. $x \in A$ のときは, $x \in B$ となり $x \in B \cup D$ を得る. また, $x \in C$ のときは, $x \in D$ となり $x \in B \cup D$ を得る. したがって, いずれの場合も $x \in B \cup D$ となる.

(ii) $x \in A \cap C$ とする. $x \in A$ だから, $x \in B$ を得る. また, $x \in C$ だから, $x \in D$ を得る. したがって, $x \in B \cap D$ となる.

(2) (i) $x \in A \backslash B \iff (x \in A) \wedge (x \notin B) \iff (x \in A) \wedge (x \in B^C)$
$\iff x \in B \cap B^C$
より $A \backslash B = A \cap B^C$ である.

(3) ド・モルガンの公式と上の問題 (2)(i) とを使う.
$A \backslash (B \cup C) = A \cap (B \cup C)^C = A \cap (B^C \cap C^C)$
$= (A \cap B^C) \cap (A \cap C^C) = (A \backslash B) \cap (A \backslash C)$ となる.

(4) (i) $\cup_{n=1}^{\infty} A_n = \mathrm{R} \backslash \{0\} = \{x \in \mathrm{R} \mid x \neq 0\}$ である.

(ii) $\cup_{n=1}^{\infty} A_n = \emptyset$ である.

(5) (ii) $Z = C(0) \cup C(1) \cup C(2) \cup C(3) \cup C(4) \cup C(5) \cup C(6)$ となり 7 個の和集合である.

(iii) $Z/\sim = \{C(0), C(1), C(2), C(3), C(4), C(5), C(6)\}$ の 7 個である.

第3章

(1)(i) 全射であることは明らか. $f(1) = f(5) = b$ だから単射ではない.

(ii) $f(A) = \{f(x) \mid x \in A\} = \{a, b, c, d\}$

(iii) $f^{-1}(B) = \{x \in X \mid f(x) \in B\} = \{1, 2, 4, 5\}$ である.

(2) (i) $f(x) = x^2 + 2x = (x+1)^2 - 1 \geq -1$ だから $f(x) = -2$ となる $x \in \mathrm{R}$ は存在しない. したがって f は全射ではない. また, $f(0) = f(-2) = 0$ となるから, 単射ではない.

(ii) f は区間 $[-1, \infty)$ で単調増加だから $f(A) = [0, 3]$ である.

(iii) $f(x) = 15$ を解く. $x^2 + 2x = 15$ より $x = -5, 3$ である. また $f(x) = 8$ を解く. $x^2 + 2x = 8$ より $x = -4, 2$ である. したがって, $f^{-1}(B) = [-5, -4] \cup [2, 3]$ である.

(3) 一般には成り立たない. 以下の反例がある. $X = \mathbb{R}^2$ とし, $Y = \mathbb{R}$ とし, 写像 $f : X \to Y$ を $x = (x_1, x_2) \in X$ に対して $f(x) = x_1$ とおく. $A = \{x = (x_1, 1) \mid x_1 \in [0, 1]\}$ とおくと $f(A) = [0, 1] \subset Y$ である. また, $f(X) = Y$ であるから, $f(X) \setminus f(A) = [0, 1]^C = (-\infty, 0) \cup (1, \infty)$ である. 一方, 明らかに $f(A^C) = Y$ であるから, $f(A^C) \neq f(X) \setminus f(A)$ である.

(4) (i) $f^{-1} : Y \to X$ は次の通りである.
$f^{-1}(a) = 5, f^{-1}(b) = 1, f^{-1}(c) = 2, f^{-1}(d) = 3, f^{-1}(e) = 4$ である.

(ii) $y = 3x - 5$ を x について解くと, $x = \frac{1}{3}(y + 5)$ である. したがって $f^{-1}(y) = \frac{1}{3}(y + 5)$ である.

(5) $X = \{1, 2, 3\}$, $Y = \{1, 2, 3, 4, 5\}$, $Z = \{1, 2, 3, 4\}$ とおく. 写像 $g : X \to Y$ を $g(1) = 1, g(2) = 2, g(3) = 3$ とおき, 写像 $f : Y \to Z$ を $f(1) = 1, f(2) = 2, f(3) = 3, f(4) = 1, f(5) = 2$ とおく. 明らかに f は単射ではない. 一方, $(f \circ g)(1) = 1, (f \circ g)(2) = 2, (f \circ g)(3) = 3$ だから $f \circ g$ は単射である.

第4章

(1) 要素の個数が k 個の X の部分集合は, 相異なる n 個から k 個取り出す組み合わせの総数に等しいから ${}_nC_k$ 個存在する. したがって, 2項定理を使って $|X| = \sum_{k=0}^{n} {}_nC_k = (1 + 1)^n = 2^n$ を得る.

(2) $A = \{1, 5\}$ である.

(3) 写像 $f : (0, 1) \to (a, b)$ を $f(x) = (b - a)x + a$ $(x \in (0, 1))$ とおくと, f は全単射だから $|(0, 1)| = |(a, b)|$ を得る.

(4) (i) $365 = 101101101_2$ である.

(ii) $0.625 \times 2^3 = 5 = 101_{(2)}$ だから $0.625 = 0.101_{(2)}$ である.

(5) (i) $f(x) = 1 \times 2^{-1} + 1 \times 2^{-3} + 1 \times 2^{-5} + \cdots$
$= \frac{1}{2} \frac{1}{1-2^{-2}} = \frac{2}{3} \in (0,1]$ である.
(ii) $f(x) = 0.111_{(2)} = 1 \times 2^{-1} + 1 \times 2^{-2} + 1 \times 2^{-3} = \frac{7}{8} \in B$ である.

第5章

(1) (i) $|x_n| = \left|(-1)^{n-1} + \frac{1}{n}\right| \leq |(-1)^{n-1}| + \left|\frac{1}{n}\right| \leq 1 + 1 = 2$
となり,有界である.
(ii) 任意の正の数 $a > 0$ に対して $a < n$ となる正の整数 n が存在するから
$|(-1)^{n-1}n| = n > a$ となり,有界でない.
(2) の (ii). 下方に有界な単調減少列であることを示す.
(a) $x_n > 0$ $(n=1,2,\ldots)$ であることを数学的帰納法により示す.
$n=1$ のとき,$x_1 = 2 > 0$ である.$n=k$ のとき成り立つと仮定すると,
$x_{k+1} = \frac{1}{2}\left(x_k + \frac{2}{x_k}\right) > 0$ である.したがって,下方に有界である.
(b) $x_n \geq \sqrt{2}$ である.実際,正の数に対する不等式:相加平均 $\geq$ 相乗平均
より $x_{n+1} = \frac{1}{2}\left(x_n + \frac{2}{x_n}\right) \geq \sqrt{x_n \frac{2}{x_n}} = \sqrt{2}$ となる.
(c) 単調減少列であることを数学的帰納法により示す.
$x_2 = \frac{1}{2}\left(x_1 + \frac{2}{x_1}\right) = \frac{3}{2} \leq 2 = x_1$ である.$x_k \geq x_{k+1}$ と仮定する.

$$x_{k+1} - x_{k+2} = \frac{1}{2}\left(x_k + \frac{2}{x_k}\right) - \frac{1}{2}\left(x_{k+1} + \frac{2}{x_{k+1}}\right)$$
$$= \frac{1}{2}\frac{(x_k x_{k+1} - 2)(x_k - x_{k+1})}{x_k x_{k+1}}$$
$$\geq \frac{1}{2}\frac{(x_{k+1} x_{k+1} - 2)(x_k - x_{k+1})}{x_k x_{k+1}}$$
$$\geq 0$$

したがって,$x_{k+1} \geq x_{k+2}$ を得た.なお変形の途中で,$x_k \geq x_{k+1}$ および $x_{k+1}^2 \geq 2$ を使っている.

ゆえに,実数の性質(実数の連続性)より数列 $\{x_n\}_{n=1}^{\infty}$ は収束する.

(d) $x = \lim_{n\to\infty} x_n$ とおき，漸化式の両辺を $n \to \infty$ とする．
$$x = \lim_{n\to\infty} x_{n+1} = \lim_{n\to\infty}\left(\frac{1}{2}\left(x_n + \frac{2}{x_n}\right)\right) = \frac{1}{2}\left(x + \frac{2}{x}\right)$$
したがって，$x^2 = 2$ を得る．$x \geq 0$ だから $x = \sqrt{2}$ である．

(3)(i). 命題 5.2.3 の (3) を繰り返し適用すればよい．$n = 3$ のとき，
$$\overline{A_1 \cup A_2 \cup A_3} = \overline{A_1 \cup (A_2 \cup A_3)}$$
$$= \overline{A_1} \cup \overline{A_2 \cup A_3} = \overline{A_1} \cup \overline{A_2} \cup \overline{A_3}$$
を得る．一般の n のときは順次繰り返せば良い（厳密には数学的帰納法による）．

(ii) 命題 5.2.3 の (4) を繰り返し適用すればよい．$n = 3$ のとき，
$$\overline{A_1 \cap A_2 \cap A_3} = \overline{A_1 \cap (A_2 \cap A_3)}$$
$$\subset \overline{A_1} \cap \overline{A_2 \cap A_3} \subset \overline{A_1} \cap \overline{A_2} \cap \overline{A_3}$$
を得る．一般の n のときは順次繰り返せば良い（厳密には数学的帰納法による）．

(5) f が $f(0) = 0$ ならば，0 がそのような x である．また $f(1) = 1$ ならば，1 がそのような x である．したがって $0 < f(0)$ で $f(1) < 1$ の場合を示せば良い．$g(x) = x - f(x)$, $x \in [0,1]$ とおくと $g : [0,1] \to \mathbb{R}$ は $[0,1]$ 上で連続で，$g(0)g(1) = (0 - f(0))(1 - f(1)) < 0$ だから中間値の定理より $g(x) = 0$ となる $x \in [0,1]$ が存在する．$x - f(x) = g(x) = 0$ だから $f(x) = x$ となる．

第 6 章

(1)
$$||x+y||^2 + ||x-y||^2 = (x+y, x+y) + (x-y, x-y)$$
$$= (x,x) + (x,y) + (y,x) + (y,y) + (x,x) - (x,y) - (y,x) + (y,y)$$
$$= 2||x||^2 + 2||y||^2$$

(2) (i) すでに第 5 章で示している.
(ii) 本質的には (i) の証明とほとんど同じである. A の任意の点 $x = (x_1, x_2) \in A$, ただし $x_1 = 1/n$ とする. $0 < \epsilon < 1/n(n-1)$ となる ϵ をとる. すると $U(x; \epsilon) \cap (A \setminus \{x\}) = \emptyset$ である.

実際, x と異なる A の任意の点を $a = (a_1, a_2) \in A$, ただし $a_1 = 1/m$ とする.

$$d(x,a) \geq |x_1 - a_1| = |1/n - 1/m| \geq |1/n - 1/(n-1)| = 1/n(n-1) > \epsilon$$

となり, $a \notin U(x; \epsilon)$ である. したがって $U(x; \epsilon) \cap (A \setminus \{x\}) = \emptyset$ となる.

$x = (0, x_2) \notin A$ は A の集積点である. 実際, 任意の $\epsilon > 0$ に対して $n > 1/\epsilon$ となる自然数 n をとると点 $y = (1/n, x_2) \in A$ を考えると $d(x, y) = \sqrt{(0 - 1/n)^2 + (x_2 - x_2)^2} = 1/n > \epsilon$ となるから $U(x; \epsilon) \cap A \setminus \{x\} \neq \emptyset$ となり, x は A の集積点である.

$x = (x_1, x_2)$ が, $x_1 > 1$ または $x_1 < 0$ のとき, x が A の集積点にならないことも (1) の場合と類似の議論で示せる.

(3) (i) 任意の点 $b \notin A = \{a\}$ をとる. すなわち $b \neq a$ である. $0 < \epsilon < d(a, b)$ となる $\epsilon > 0$ をとる. $a \notin U(b; \epsilon)$ だから $U(b; \varepsilon) \cap A = \emptyset$ である. したがって b は触点ではない. ゆえに $\overline{A} = A$ となり, A は閉集合である.

(ii) 任意の点 $b \notin A$ をとる. $d(a, b) > 1$ である. $0 < \epsilon < d(a, b) - 1$ となる $\epsilon > 0$ をとる. $U(b; \epsilon) \cap A = \emptyset$ である. 実際,

$$x \in U(b; \epsilon) \implies d(x, a) \geq d(a, b) - d(x, b) > d(a, b) - \epsilon > 1$$

となるから $x \notin A$ を得る.

(iii) (ii) と同様にして示せる.

(4) $x \in \mathbb{R}^n, d(a, x) > \epsilon$ とする. $x \notin \overline{A}$ であることを示す. $0 < \epsilon' < d(a, x) - \epsilon$ なる ϵ' をとる. $y \in U(x; \epsilon')$ とすると $d(a, y) \geq d(x, a) - d(x, y) > d(a, x) - \epsilon' > \epsilon$ だから $A \cap U(x; \epsilon') = \emptyset$ となる. したがって, x は A の触点ではない. $x \notin \overline{A}$ である.

$x = (x_1, x_2, \ldots, x_n) \in \mathbb{R}^n, d(a, x) = \epsilon$ とする. $x \in \overline{A}$ であることを示す. 任意の $\rho > 0$ に対して $U(x; \rho) \cap A \neq \emptyset$ となることを云う. $0 < \alpha <$

$\min(1, \rho/\epsilon)$ となる α をとる. $y_i = x_i + \alpha(a_i - x_i)$, $(i = 1, 2, \ldots, n)$ とおき, $y = (y_1, y_2, \ldots, y_n)$ とおくと $y \in U(x; \rho) \cap A$ である. 実際,

$$d(x, y) = \left(\sum_{i=1}^n (x_i - y_i)^2\right)^{1/2}$$
$$= \left(\sum_{i=1}^n \alpha^2 (a_i - x_i)^2\right)^{1/2}$$
$$= \alpha \left(\sum_{i=1}^n (a_i - x_i)^2\right)^{1/2}$$
$$= \alpha d(a, x) = \alpha \epsilon < \rho$$

となるから $y \in U(x; \rho)$ である. また

$$d(a, y) = \left(\sum_{i=1}^n (a_i - y_i)^2\right)^{1/2}$$
$$= \left(\sum_{i=1}^n (1-\alpha)^2 (a_i - x_i)^2\right)^{1/2}$$
$$= (1-\alpha) \left(\sum_{i=1}^n (a_i - x_i)^2\right)^{1/2}$$
$$< (1-\alpha)\epsilon < \epsilon$$

となるから $y \in A$ である.

したがって x は A の触点である.

ゆえに, $\overline{A} = \{x \in \mathbf{R}^n : d(a, x) \leq \epsilon\}$ である.

(6) 任意の $z \in A$ に対して $d(x, z) \leq d(x, y) + d(y, z)$ となる. すると $f(x) = \inf\{d(x, u) \,|\, u \in A\} \leq d(x, z) \leq d(x, y) + d(y, z)$ より $f(x) \leq d(x, y) + d(y, z)$ となる.

したがって $f(x) \leq d(x, y) + \inf\{d(y, z) \,|\, z \in A\} = d(x, y) + f(y)$ である. $f(x) - f(y) \leq d(x, y)$ を得た. この不等式で x と y とを入れ替えると, 不等式 $f(y) - f(x) \leq d(y, x) = d(x, y)$ を得る.

ゆえに、これら 2 つの不等式より $-d(x,y) \leq f(x) - f(y) \leq d(x,y)$ となり、すなわち $|f(x) - f(y)| \leq d(x,y)$ であるから、f は連続である。

第7章

(1) $X = \{a, b, c\}$ の部分集合の族である条件をみたすものが位相であるから、X の部分集合である $X, \emptyset, \{a\}, \{b\}, \{c\}, \{a,b\}, \{a,c\}, \{b,c\}$ の組み合わせで位相になるものを求めれば良い。

（I）(1) 密着位相 $\{X, \emptyset\}$

（II）(2) 離散位相 $\{X, \emptyset, \{a\}, \{b\}, \{c\}, \{a,b\}, \{a,c\}, \{b,c\}\}$

（III）3 個の要素からなる位相

(3) $\{X, \emptyset, \{a\}\}$　(4) $\{X, \emptyset, \{b\}\}$　(5) $\{X, \emptyset, \{c\}\}$

(6) $\{X, \emptyset, \{a,b\}\}$　(7) $\{X, \emptyset, \{a,c\}\}$　(8) $\{X, \emptyset, \{b,c\}\}$

（IV）4 個の要素からなる位相

(9) $\{X, \emptyset, \{a\}, \{a,b\}\}$, (10) $\{X, \emptyset, \{a\}, \{a,c\}\}$, (11) $\{X, \emptyset, \{b\}, \{a,b\}\}$,

(12) $\{X, \emptyset, \{b\}, \{b,c\}\}$, (13) $\{X, \emptyset, \{c\}, \{a,c\}\}$, (14) $\{X, \emptyset, \{c\}, \{b,c\}\}$,

(15) $\{X, \emptyset, \{a\}, \{b,c\}\}$, (16) $\{X, \emptyset, \{b\}, \{c,a\}\}$, (17) $\{X, \emptyset, \{c\}, \{a,b\}\}$,

（V）5 個の要素からなる位相

(18) $\{X, \emptyset, \{a\}, \{b\}, \{a,b\}\}$, (19) $\{X, \emptyset, \{a\}, \{c\}, \{a,c\}\}$,

(20) $\{X, \emptyset, \{b\}, \{c\}, \{b,c\}\}$,

(21) $\{X, \emptyset, \{a\}, \{a,b\}, \{a,c\}\}$, (22) $\{X, \emptyset, \{b\}, \{b,a\}, \{b,c\}\}$,

(23) $\{X, \emptyset, \{c\}, \{a,c\}, \{b,c\}\}$,

（VI）6 個の要素からなる位相

(24) $\{X, \emptyset, \{a\}, \{b\}, \{a,b\}, \{a,c\}\}$, (25) $\{X, \emptyset, \{a\}, \{b\}, \{a,b\}, \{b,c\}\}$,

(26) $\{X, \emptyset, \{a\}, \{c\}, \{a,b\}, \{a,c\}\}$, (27) $\{X, \emptyset, \{a\}, \{c\}, \{a,c\}, \{b,c\}\}$,

(28) $\{X, \emptyset, \{b\}, \{c\}, \{a,b\}, \{b,c\}\}$　(29) $\{X, \emptyset, \{b\}, \{c\}, \{a,c\}, \{b,c\}\}$

の 29 個の位相がはいる。

(2) (i) $\Longrightarrow$ (ii) $A°$ は開集合だから、(i) より $f^{-1}(A°)$ は開集合である。また $A° \subset A$ だから $f^{-1}(A°) \subset f^{-1}(A)$ である。したがって、$f^{-1}(A°) =$

$(f^{-1}(A^\circ))^\circ \subset (f^{-1}(A))^\circ$

(ii) $\Longrightarrow$ (i) $O \subset Y$ を開集合とする．仮定 (ii) より $f^{-1}(O^\circ) \subset (f^{-1}(O))^\circ$ である．また O は開集合だから $O^\circ = O$ である．したがって，$f^{-1}(O) \subset (f^{-1}(O))^\circ$ となる．ゆえに，$f^{-1}(O) = (f^{-1}(O))^\circ$ となり，$f^{-1}(O)$ は開集合である．

(3) 任意の開集合 $O \subset Z$ に対して，g は連続だから $g^{-1}(O) \subset Y$ は開集合である．f は連続写像だから $(f \circ g)^{-1}(O) = f^{-1}(g^{-1}(O)) \subset X$ は開集合である．したがって，$f \circ g$ は連続写像である．

(4) (i). 開集合の公理を満たすことを示す．$O_i \in \mathfrak{O}, (i \in I)$ とする．すると $\cup_{i \in I} f^{-1}(O_i) = f^{-1}(\cup_{i \in I} O_i)$ であり，$\cup_{i \in I} O_i \in \mathfrak{O}$ だから $\cup_{i \in I} f^{-1}(O_i) \in \mathfrak{T}$ となる．

その他の条件を満たすことも容易に示せる．したがって $\mathfrak{T}$ は X の上の位相となる．

(ii). 任意の開集合 $O \in \mathfrak{O}$ とする．$f : (X, \mathfrak{U}) \to (Y, \mathfrak{O})$ が連続だから $f^{-1}(O) \in \mathfrak{U}$ である．したがって $\mathfrak{T} \leq \mathfrak{U}$ である．

(5) (i). $X \simeq Y$ だから同相写像 $f : X \to Y$ が存在する．f の逆写像 $f^{-1} : Y \to X$ も同相写像であるから $Y \simeq X$ である．

(ii) $X \simeq Y$ だから，同相写像 $f : X \to Y$ が存在する．また $Y \simeq Z$ だから同相写像 $g : Y \to Z$ が存在する．合成 $g \circ f : X \to Z$ も同相写像になるから $X \simeq Z$ である．

第8章

(1) $\{O_i\}_{i \in I}$ を集合 $K_1 \cup \cdots \cup K_n$ の開被覆とする．$\{O_i\}_{i \in I}$ は各 K_l の開被覆であり，K_l はコンパクト集合だから有限開被覆をもつ．すなわち，有限集合 $I_l \subset I$ が存在して $K_l \subset \cup_{j \in I_l} O_j$ となる．$J = \cup_{l \in I_l} \subset I$ は有限集合で $K_1 \cup \cdots \cup K_n \subset \cup_{j \in J} O_j$ となるからコンパクト集合である．

(2) (i) (X, d) を距離空間とする．任意の $x, y \in X$ で $x \neq y$ とする．$0 < \epsilon <$

$d(x,y)/2$ となる $\epsilon > 0$ をとる.すると $U(x;\epsilon) \cap U(y;\epsilon) = \emptyset$ である.実際,任意の $z \in U(x;\epsilon)$ は

$$d(y,z) \geq d(x,y) - d(x,z) > d(x,y) - \epsilon > 2\epsilon - \epsilon = \epsilon$$

となり $z \notin U(y;\epsilon)$ である.

(ii) X をハウスドルフ空間とする.$a \in X$ とし $A = \{a\} \subset X$ とおく.任意の $x \notin A$ とする.すなわち $x \neq a$ とする.ハウスドルフ空間だから a のある近傍 U と,x のある近傍 V が存在して $U \cap V = \emptyset$ となる.したがって,$V \cap \{a\} = \emptyset$ となるから x は A の触点ではない.

(3) $x \in \overline{K}$ とする.すると x に収束する K の点からなる点列 $\{x_n\}_{n=1}^\infty$ が存在する.K がコンパクト集合だから $\{x_n\}_{n=1}^\infty$ の部分列 $\{x_{k(n)}\}_{n=1}^\infty$ で K の点に収束するものが存在するが,部分列の極限は x であることは明らかである.ゆえに,$x \in K$ となる.したがって $\overline{K} = K$ が成り立つ.

(4) (i) 偽である.反例が存在する.$X = [-2, 2]$ とし,$Y = \mathbb{R}^2$ とする.写像 $f : X \ni x \rightsquigarrow f(x) = (x, 0) \in Y$ とおく.f が連続写像になることは容易に示せる.開集合 $A = (-1, 1) \subset X$ とおくと $f(A) = (-1, 1) \times \{0\} \subset Y$ は開集合ではない.したがって f は連続写像であるが,開写像ではない.

(ii) 偽である.$X = [-2, 2]$ とし,$Y = [-2, -2] \times [-2, 2]$ とする.写像 $f : X \ni x \rightsquigarrow f(x) = (x, 0) \in Y$ とおく.f は連続写像で全射である.開集合 $A = (-1, 1) \subset X$ の像 $f(A) = (-1, 1) \times \{0\} \subset Y$ は開集合ではない.

索引

アルキメデス的, 70

位相, 150
位相が強い, 154
位相空間, 139, 150
位相空間の直積, 149
位相同型, 159
ε 近傍, 79, 115

開近傍, 151
開区間, 66
開写像, 170
開集合, 89, 123, 147, 150
開集合の基, 155
外点, 80, 115, 143
開被覆, 161
下界, 71
可算集合, 50, 51, 55
下方に有界, 71
完備, 78, 114
完備距離空間, 114

基本近傍系, 130
逆写像, 43
逆像, 36
境界, 90, 125
境界点, 80, 115, 143
距離空間, 110

近傍, 129, 151
近傍系, 139

空集合, 17
区間縮小法, 79

合成, 40
恒等写像, 43
コーシー列, 77, 114
コンパクト空間, 162
コンパクト集合, 161, 172

最小上界, 71
最大下界, 71

写像, 35
集合, 17
集合族, 22
集積点, 80, 115, 143
収束, 68, 112
縮小写像, 135
述語, 9, 17
Schwarz の不等式, 106
上界, 71
商写像, 40
商集合, 32, 40
上方に有界, 71
触点, 80, 115, 143

真偽表, 2, 3

絶対値, 67
全射, 39, 41–43
選択公理, 55
全単射, 39, 41, 47

像, 36

対角線論法, 57
単射, 39, 41–43, 52
単調減少列, 74
単調増加列, 74

チコノフの定理, 170
直積, 25
直積位相空間, 157
直和, 59
直径, 168

点列コンパクト集合, 166
点列コンパクト空間, 166

同相写像, 159
同値関係, 30, 31, 47
同値類, 31
トートロジー, 4

内積, 104
内点, 80, 115, 143
内部, 87, 121, 146

2 進数, 59

濃度, 47
濃度が大きい, 56

ノルム, 106

Heine-Borel の定理, 162
ハウスドルフ空間, 163
半開区間, 66

不動点, 135
部分空間, 126

閉区間, 66
閉写像, 170
閉集合, 86, 120, 145
閉包, 84, 118, 144
べき集合, 57, 58
ベクトル, 104
ベルンシュタインの定理, 53

Bolzano-Weierstrass の定理, 91

密着位相, 150

命題変数, 2

有界, 71, 168
有限開被覆, 161
有限交叉性, 165
ユークリッド距離, 111
ユークリッド空間, 111

離散位相, 150

連続, 94, 157
連続写像, 93, 131, 157

論理語, 1
論理式, 2

〈著者紹介〉

栗山 憲（くりやま けん）

1976 年	九州大学大学院理学研究科数学専攻博士課程単位取得退学
現　在	山口大学名誉教授
	理学博士（九州大学）
専　攻	関数解析（量子情報理論，作用素論，作用素代数論），岩盤力学の数値解析
著　書	『理工学のための応用数学 I, II』（共著，朝倉書店，1984）
	『演習　岩盤開発設計』（共著，アイピーシー，1996）
	『確率とその応用』（共立出版，2013）

論理・集合と位相空間入門
Introduction to Logic, Set, and Topological Spaces

2012 年 4 月 10 日　初版 1 刷発行
2024 年 2 月 15 日　初版 4 刷発行

著　者　栗山　憲　©2012
発行者　南　條　光　章
発行所　共立出版株式会社
　　　　東京都文京区小日向 4 丁目 6 番 19 号
　　　　電話 (03) 3947-2511（代表）
　　　　郵便番号 112-0006
　　　　振替口座 00110-2-57035 番
　　　　URL www.kyoritsu-pub.co.jp

印　刷　加藤文明社
製　本　協栄製本

検印廃止
NDC 410.9, 415.2
ISBN 978-4-320-11022-9

一般社団法人
自然科学書協会
会員

Printed in Japan

JCOPY ＜出版者著作権管理機構委託出版物＞
本書の無断複製は著作権法上での例外を除き禁じられています．複製される場合は，そのつど事前に，出版者著作権管理機構（TEL：03-5244-5088，FAX：03-5244-5089，e-mail：info@jcopy.or.jp）の許諾を得てください．

◆ 色彩効果の図解と本文の簡潔な解説により数学の諸概念を一目瞭然化！

ドイツ Deutscher Taschenbuch Verlag 社の『dtv-Atlas事典シリーズ』は、見開き2ページで1つのテーマが完結するように構成されている。右ページに本文の簡潔で分り易い解説を記載し、かつ左ページにそのテーマの中心的な話題を図像化して表現し、本文と図解の相乗効果で理解をより深められるように工夫されている。これは、他の類書には見られない『dtv-Atlas 事典シリーズ』に共通する最大の特徴と言える。本書は、このシリーズの『dtv-Atlas Mathematik』と『dtv-Atlas Schulmathematik』の日本語翻訳版。

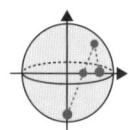

カラー図解 数学事典

Fritz Reinhardt・Heinrich Soeder [著]
Gerd Falk [図作]
浪川幸彦・成木勇夫・長岡昇勇・林 芳樹 [訳]

数学の最も重要な分野の諸概念を網羅的に収録し、その概観を分り易く提供。数学を理解するためには、繰り返し熟考し、計算し、図を書く必要があるが、本書のカラー図解ページはその助けとなる。

【主要目次】 まえがき／記号の索引／序章／数理論理学／集合論／関係と構造／数系の構成／代数学／数論／幾何学／解析幾何学／位相空間論／代数的位相幾何学／グラフ理論／実解析学の基礎／微分法／積分法／関数解析学／微分方程式論／微分幾何学／複素関数論／組合せ論／確率論と統計学／線形計画法／参考文献／索引／著者紹介／訳者あとがき／訳者紹介

■菊判・ソフト上製本・508頁・定価6,050円(税込)■

カラー図解 学校数学事典

Fritz Reinhardt [著]
Carsten Reinhardt・Ingo Reinhardt [図作]
長岡昇勇・長岡由美子 [訳]

『カラー図解 数学事典』の姉妹編として，日本の中学・高校・大学初年級に相当するドイツ・ギムナジウム第5学年から13学年で学ぶ学校数学の基礎概念を1冊に編纂。定義は青で印刷し、定理や重要な結果は緑色で網掛けし、幾何学では彩色がより効果を上げている。

【主要目次】 まえがき／記号一覧／図表頁凡例／短縮形一覧／学校数学の単元分野／集合論の表現／数集合／方程式と不等式／対応と関数／極限値概念／微分計算と積分計算／平面幾何学／空間幾何学／解析幾何学とベクトル計算／推測統計学／論理学／公式集／参考文献／索引／著者紹介／訳者あとがき／訳者紹介

■菊判・ソフト上製本・296頁・定価4,400円(税込)■

www.kyoritsu-pub.co.jp　　共立出版　　(価格は変更される場合がございます)